Ruby Jindal

Evolução digital

Ruby Jindal

Evolução digital

Adaptar-se e prosperar no século XXI

ScienciaScripts

Imprint
Any brand names and product names mentioned in this book are subject to trademark, brand or patent protection and are trademarks or registered trademarks of their respective holders. The use of brand names, product names, common names, trade names, product descriptions etc. even without a particular marking in this work is in no way to be construed to mean that such names may be regarded as unrestricted in respect of trademark and brand protection legislation and could thus be used by anyone.

Cover image: www.ingimage.com

This book is a translation from the original published under ISBN 978-620-7-47690-9.

Publisher:
Sciencia Scripts
is a trademark of
Dodo Books Indian Ocean Ltd. and OmniScriptum S.R.L publishing group

120 High Road, East Finchley, London, N2 9ED, United Kingdom
Str. Armeneasca 28/1, office 1, Chisinau MD-2012, Republic of Moldova, Europe
Printed at: see last page
ISBN: 978-620-8-12104-4

ÍNDICE DE CONTEÚDOS

Prefácio

Evolução Digital: Adapting and Thriving in the 21st Century" é uma exploração abrangente da forma como a tecnologia está a remodelar o nosso mundo. Desde o rastreio dos rápidos avanços na tecnologia digital até à discussão das profundas implicações em vários sectores, o livro navega pelos principais marcos e descobertas. Aprofunda as oportunidades que as tecnologias emergentes oferecem, como a IA e a IoT, ao mesmo tempo que aborda desafios críticos como a cibersegurança e a privacidade dos dados. Além disso, sublinha a importância da aprendizagem contínua, da adaptabilidade e da utilização ética da tecnologia para que os indivíduos e as empresas se mantenham à frente neste cenário digital dinâmico. Através de estratégias práticas e conhecimentos, o livro capacita os leitores a abraçar a era digital com confiança e a prosperar no meio da transformação em curso.

Dr. Ruby Jindal

Introdução

- **Preparar o terreno: O ritmo acelerado do avanço tecnológico no século XXI**

Nos anais da história humana, o século XXI é um testemunho da velocidade estonteante a que a tecnologia evoluiu. A cada ano que passa, avanços outrora considerados fantasias futuristas materializam-se diante dos nossos olhos, remodelando os próprios contornos da nossa existência. Desde o advento da Internet até à proliferação dos smartphones e muito mais, o ritmo da mudança tem sido nada menos do que espantoso.

A revolução digital, que teve início na viragem do milénio, penetrou em todas as facetas das nossas vidas a uma velocidade sem precedentes. Vivemos agora num mundo onde a informação está instantaneamente acessível na ponta dos dedos, onde a comunicação transcende fronteiras e fusos horários e onde a inovação não conhece limites. O que outrora era o reino da ficção científica tornou-se a pedra angular da nossa realidade, impulsionando a humanidade para territórios inexplorados de possibilidades.

No entanto, ao mesmo tempo que nos maravilhamos com as maravilhas do progresso tecnológico, temos também de ter em conta as suas profundas implicações. O ritmo acelerado da mudança trouxe desafios sem precedentes, desde a erosão da privacidade na era dos meios de comunicação social até à deslocação das indústrias tradicionais pela automatização e pela inteligência artificial. Neste admirável mundo novo, a linha entre o físico e o digital esbate-se, levantando questões profundas sobre a identidade, a comunidade e a própria natureza da existência humana.

À medida que nos encontramos no precipício de uma nova era definida pela evolução digital, a necessidade de previsão, adaptabilidade e gestão ética nunca foi tão urgente. As escolhas que fizermos hoje irão moldar o curso do amanhã, determinando se a tecnologia se torna uma força de libertação ou uma fonte de opressão, uma ferramenta de capacitação ou um prenúncio de desigualdade.

Nos capítulos que se seguem, embarcaremos numa viagem ao coração da era digital, explorando as suas origens, o seu impacto e o seu potencial para moldar o futuro da humanidade. Dos corredores de Silicon Valley às ruas das economias emergentes, testemunharemos em primeira mão o poder transformador da tecnologia e as inúmeras formas como está a remodelar o nosso mundo.

Por isso, vamos abraçar o desafio e a oportunidade do século XXI com mentes abertas e corações esperançosos, pois no ritmo acelerado do avanço tecnológico reside a promessa de um amanhã mais brilhante para toda a humanidade.

- **O impacto da evolução digital na sociedade, na economia e nos indivíduos**

A marcha incessante da evolução digital transformou fundamentalmente o tecido da sociedade, revolucionou os paradigmas económicos e remodelou profundamente as vidas individuais. Desde a forma como nos relacionamos uns com os outros até à forma como conduzimos os negócios e navegamos nas nossas rotinas diárias, o impacto da tecnologia é omnipresente e de grande alcance.

1. Transformações societais:

Conectividade: As tecnologias digitais colmataram as divisões geográficas, permitindo a comunicação instantânea e promovendo a interconexão global.

Interação social: As plataformas dos meios de comunicação social redefiniram a natureza da interação humana, proporcionando plataformas para a colaboração, o ativismo e a construção de comunidades.

Acesso à informação: A Internet democratizou o acesso à informação, dando poder aos indivíduos com conhecimento e amplificando vozes que antes eram marginalizadas.

Mudanças culturais: Os media digitais revolucionaram a forma como consumimos e criamos cultura, esbatendo as fronteiras tradicionais e abrindo novas vias de expressão.

2. Revoluções económicas:

Perturbação: As tecnologias digitais perturbaram os sectores tradicionais, pondo em causa os modelos de negócio estabelecidos e criando novas oportunidades para a inovação e o empreendedorismo.

Globalização: O comércio eletrónico e os mercados digitais facilitaram o comércio global, derrubando barreiras à entrada e expandindo o alcance do mercado para empresas de todas as dimensões.

Automatização: Os avanços da inteligência artificial e da robótica automatizaram as tarefas de rotina, transformando os mercados de trabalho e suscitando debates sobre o futuro do trabalho.

Mudança de competências: A economia digital criou uma procura de novas aptidões e competências, o que levou à necessidade de atualização e reciclagem contínuas para manter a competitividade no mercado de trabalho.

3. Capacitação pessoal e desafios:

Capacitação: As tecnologias digitais capacitaram os indivíduos com ferramentas para a auto-expressão, a criatividade e a autoeducação, democratizando o acesso ao conhecimento e aos recursos.

Conveniência: A proliferação de serviços digitais trouxe uma comodidade sem precedentes ao nosso quotidiano, desde os serviços bancários e as compras em linha até ao trabalho à distância e à telemedicina.

Privacidade e segurança: As preocupações com a privacidade dos dados e a cibersegurança têm crescido a par da expansão das tecnologias digitais, levantando questões sobre vigilância, propriedade dos dados e segurança em linha.

Fosso digital: As disparidades no acesso à tecnologia e à literacia digital persistem, exacerbando as desigualdades ao longo das linhas socioeconómicas e limitando as oportunidades para os que se encontram do lado errado da clivagem digital.

Ao navegar pelas complexidades da era digital, é essencial reconhecer tanto a imensa promessa como os desafios inerentes que acompanham o avanço tecnológico. Ao compreendermos o impacto multifacetado da evolução digital na sociedade, na economia e nos indivíduos, podemos trabalhar no sentido de aproveitar o seu potencial transformador para o bem coletivo, mitigando simultaneamente os seus riscos e armadilhas.

- **Objetivo e âmbito do livro**

Numa era definida pelo rápido avanço tecnológico e pela transformação digital, o objetivo deste livro é proporcionar aos leitores uma compreensão abrangente da evolução digital e das suas implicações para a sociedade, a economia e os indivíduos. Através da exploração de conceitos-chave, tendências e estudos de casos, o livro tem como objetivo dotar os leitores dos conhecimentos e das perspectivas necessárias para navegarem nas complexidades da era digital e prosperarem numa paisagem em constante mudança.

1. Compreender a evolução digital:

- O livro irá aprofundar as origens e os factores da evolução digital, traçando as suas raízes históricas e examinando as principais inovações tecnológicas que moldaram o panorama digital moderno.
- Os leitores terão uma compreensão mais profunda das forças que impulsionam a mudança tecnológica, desde a Lei de Moore e o crescimento exponencial até à convergência de tecnologias emergentes, como a inteligência artificial, a cadeia de blocos e a Internet das Coisas.

2. Implicações para a sociedade, a economia e os indivíduos:

- O livro explorará o impacto multifacetado da evolução digital na sociedade, na economia e nos indivíduos, examinando tanto as oportunidades como os desafios apresentados pelo avanço tecnológico.

- Através de uma série de estudos de casos e de exemplos reais, os leitores ficarão a saber como as tecnologias digitais estão a remodelar as indústrias, a transformar os modelos de negócio e a influenciar a dinâmica social.

3. Navegar na era digital:

- Com base na investigação e na experiência prática, o livro fornecerá aos leitores estratégias para navegar nas complexidades da era digital, desde a literacia digital e a cibersegurança até ao empreendedorismo e à cidadania digital.

- Os leitores ficarão a saber como aproveitar o poder da tecnologia para o seu crescimento pessoal e profissional, mitigando simultaneamente os riscos e as considerações éticas associadas à inovação digital.

4. Visão para o futuro:

- O livro concluirá com uma visão prospetiva do futuro da evolução digital, explorando as tendências e tecnologias emergentes que têm o potencial de moldar a próxima vaga de inovação.

- Ao imaginar possibilidades para um futuro digital mais inclusivo, sustentável e centrado no ser humano, os leitores serão inspirados a tornarem-se participantes activos na definição da trajetória do progresso tecnológico.

Globalmente, o objetivo deste livro é servir de guia abrangente para a evolução digital, fornecendo aos leitores os conhecimentos, as competências e as perspectivas necessárias para se adaptarem, prosperarem e contribuírem positivamente para a transformação contínua do nosso mundo digital. Quer seja um líder empresarial, um decisor político, um educador ou simplesmente um curioso interessado em compreender o impacto da tecnologia na sociedade, este livro tem como objetivo capacitá-lo com os conhecimentos e as ferramentas necessárias para navegar na era digital com confiança e determinação.

Capítulo 1: A revolução digital

- **Explorar as raízes da revolução digital**

A revolução digital, uma caraterística marcante dos séculos XX e XXI, surgiu de uma confluência de investigação científica, inovação tecnológica e necessidades sociais. A compreensão das suas raízes fornece informações valiosas sobre as forças que impulsionaram a humanidade da era analógica para a era digital.

1. Fundamentos iniciais:

- O livro traça as origens da revolução digital até ao trabalho pioneiro de visionários como Alan Turing, Claude Shannon e John von Neumann, cujos conhecimentos teóricos lançaram as bases da computação moderna.
- Os leitores ficarão a conhecer o desenvolvimento das primeiras máquinas de computação, desde o motor analítico de Charles Babbage até ao ENIAC, que anunciou o início da computação eletrónica.

2. Ascensão da teoria da informação:

- A teoria da informação, defendida por Claude Shannon na década de 1940, forneceu um quadro matemático para a compreensão da comunicação e lançou as bases para os modernos sistemas de comunicação digital.
- O livro explora a forma como o conceito de codificação binária revolucionou o armazenamento, a transmissão e o processamento de informações, abrindo caminho para a revolução digital.

3. Nascimento da Internet:

- A criação da ARPANET, a precursora da Internet, no final da década de 1960, constituiu um momento crucial na revolução digital. O livro examinará os esforços de colaboração de investigadores, engenheiros e agências governamentais que levaram ao desenvolvimento desta rede inovadora.
- Os leitores ficarão a conhecer os principais protocolos e tecnologias que estão na base da Internet, desde o TCP/IP à World Wide Web, e o impacto transformador que tiveram na comunicação e na colaboração.

4. Revolução da informática pessoal:

- O advento dos computadores pessoais nas décadas de 1970 e 1980 democratizou o acesso à capacidade de computação, permitindo que indivíduos e pequenas empresas aproveitassem as capacidades da tecnologia digital.

- Através de estudos de casos de produtos icónicos como o Apple Macintosh e o IBM PC, os leitores irão explorar a forma como a revolução da computação pessoal transformou indústrias, impulsionou a inovação e remodelou a forma como trabalhamos e vivemos.

5. Convergência de tecnologias:

- A revolução digital caracteriza-se pela convergência de diversas tecnologias, desde a informática e as telecomunicações até à biotecnologia e à nanotecnologia. O livro examinará a forma como estas tecnologias convergentes se sinergizaram para impulsionar o crescimento exponencial e a inovação.
- Os leitores ficarão a conhecer o potencial transformador das tecnologias emergentes, como a inteligência artificial, a robótica e a computação quântica, e as suas implicações para o futuro da revolução digital.

Ao explorar as raízes da revolução digital, os leitores terão uma apreciação mais profunda do contexto histórico, dos princípios científicos e dos avanços tecnológicos que moldaram o nosso mundo digital moderno. Além disso, a compreensão do percurso entre o analógico e o digital fornece informações valiosas sobre a evolução contínua da tecnologia e o seu profundo impacto na sociedade, na economia e nos indivíduos.

- **Principais marcos e avanços tecnológicos**

Principais marcos e avanços tecnológicos

A revolução digital tem sido marcada por uma série de marcos e avanços transformadores, cada um deles ultrapassando os limites do que se pensava ser possível e abrindo caminho para a próxima vaga de inovação. Ao examinar estes marcos fundamentais, podemos apreciar melhor a evolução da tecnologia e o seu impacto na sociedade, na economia e nos indivíduos.

1. Revolução dos transístores:

- A invenção do transístor em 1947 por William Shockley, John Bardeen e Walter Brattain revolucionou o campo da eletrónica, substituindo os volumosos tubos de vácuo por dispositivos de estado sólido mais pequenos e mais eficientes.
- Os transístores lançaram as bases da computação moderna, permitindo o desenvolvimento de dispositivos electrónicos mais pequenos, mais rápidos e mais fiáveis, desde calculadoras e rádios a computadores e smartphones.

2. Circuitos integrados:

- A criação do circuito integrado (microchip) no final dos anos 50 por Jack Kilby e Robert Noyce permitiu a miniaturização dos componentes electrónicos, levando ao desenvolvimento de microprocessadores e microcontroladores.

- Os circuitos integrados abriram caminho para a proliferação da tecnologia digital, alimentando tudo, desde a eletrónica de consumo e as telecomunicações até à exploração espacial e aos dispositivos médicos.

3. ARPANET e o nascimento da Internet:

- A criação da ARPANET em 1969, um projeto financiado pelo Departamento de Defesa dos EUA, lançou as bases da Internet moderna. A ARPANET foi a primeira rede operacional de comutação de pacotes e serviu como precursora da Internet.
- O desenvolvimento dos protocolos TCP/IP na década de 1970 e a invenção da World Wide Web por Tim Berners-Lee em 1989 democratizaram ainda mais o acesso à informação e à comunicação, catalisando a rápida expansão da Internet.

4. Revolução da informática pessoal:

- A introdução do Altair 8800 em 1975, frequentemente considerado o primeiro computador pessoal, marcou o início da revolução da computação pessoal. O Altair 8800 foi seguido por inovações revolucionárias como o Apple I e II, o IBM PC e o Macintosh.
- Os computadores pessoais democratizaram o acesso à capacidade de computação, permitindo aos indivíduos e às pequenas empresas tirar partido das capacidades da tecnologia digital para produtividade, criatividade e comunicação.

5. Computação móvel e smartphones:

- O lançamento do IBM Simon Personal Communicator em 1994, frequentemente considerado como o primeiro smartphone, anunciou a era da computação móvel. As inovações subsequentes, como o BlackBerry, o Palm Pilot e o iPhone, revolucionaram a forma como comunicamos, trabalhamos e acedemos à informação em movimento.
- Os smartphones tornaram-se ferramentas omnipresentes na vida moderna, servindo como principal meio de comunicação, entretenimento, navegação e produtividade.

6. Inteligência artificial e aprendizagem automática:

- Os avanços na inteligência artificial e na aprendizagem automática abriram novas fronteiras na automatização, análise de dados e tomada de decisões. Descobertas como o desenvolvimento de algoritmos de aprendizagem profunda, redes neuronais e aprendizagem por reforço alimentaram a rápida expansão das aplicações de IA em domínios que vão desde os cuidados de saúde e as finanças até aos transportes e ao entretenimento.
- A IA tem o potencial de revolucionar as indústrias, remodelar os mercados de trabalho e enfrentar alguns dos desafios mais prementes da humanidade, desde os cuidados de saúde e as alterações climáticas até à educação e à redução da pobreza.

Ao examinar estes marcos e descobertas fundamentais, podemos obter uma compreensão mais profunda das forças tecnológicas que impulsionam a revolução digital e do profundo impacto que tiveram na sociedade, na economia e nos indivíduos. Além disso, estes marcos servem como sinais na viagem da era analógica para a era digital, guiando-nos para um futuro definido pela inovação, conetividade e possibilidade.

- **Compreender o poder transformador da inovação digital**

Compreender o poder transformador da inovação digital

A inovação digital surgiu como uma força motriz por detrás de profundas transformações sociais, económicas e individuais. Ao compreendermos a essência do seu poder transformador, podemos apreciar as mudanças radicais que traz consigo e aproveitar o seu potencial de impacto positivo. Eis as principais facetas para compreender este poder:

1. Perturbação dos modelos tradicionais:

- A inovação digital perturba os modelos e práticas empresariais tradicionais em todos os sectores. Desafia as normas estabelecidas, abrindo caminhos para novos operadores e fomentando a concorrência que impulsiona a eficiência e a focalização no cliente.

2. Democratização do acesso:

- A inovação digital democratiza o acesso a recursos e oportunidades. Elimina os obstáculos à informação, à educação e aos mercados, capacitando os indivíduos, as comunidades e as empresas, independentemente da localização geográfica ou do estatuto socioeconómico.

3. Aceleração do progresso:

- A inovação digital acelera o ritmo do progresso. Catalisa avanços na investigação, desenvolvimento e implementação em diversos domínios, desde os cuidados de saúde e a agricultura até à energia e aos transportes, ampliando a nossa capacidade de inovação e de resolução de problemas.

4. Amplificação da conetividade:

- A inovação digital amplifica a conetividade e a colaboração à escala global. Facilita a comunicação, o trabalho em rede e a partilha de conhecimentos entre indivíduos, organizações e nações, promovendo a inteligência colectiva e a cooperação.

5. Aumento da eficiência e da produtividade:

- A inovação digital aumenta a eficiência e a produtividade através da automatização, otimização e tomada de decisões baseadas em dados. Simplifica os processos, reduz os custos e aumenta as capacidades humanas, permitindo-nos fazer mais com menos recursos.

6. Capacitação dos indivíduos e das comunidades:

- A inovação digital permite aos indivíduos e às comunidades moldarem os seus próprios destinos. Fornece ferramentas e plataformas para a auto-expressão, a criatividade e o empreendedorismo, promovendo uma cultura de inovação e inclusão.

7. Transformação da experiência do consumidor:

- A inovação digital transforma a experiência do consumidor, revolucionando a forma como os produtos e serviços são descobertos, acedidos e consumidos. Personaliza as ofertas, antecipa as necessidades e aumenta a conveniência, enriquecendo as vidas e impulsionando a procura de inovação.

8. Evolução do Trabalho e do Trabalhador:

- A inovação digital faz evoluir a natureza do trabalho e da mão de obra. Cria novas oportunidades de emprego, requisitos de competências e modalidades de trabalho, desafiando simultaneamente os paradigmas tradicionais de emprego. Exige aprendizagem ao longo da vida e adaptabilidade para navegar no dinâmico mercado de trabalho.

9. Amplificação do impacto social:

- A inovação digital amplifica o impacto social ao abordar desafios e desigualdades prementes. Permite soluções escaláveis para questões como o acesso aos cuidados de saúde, as disparidades na educação, a sustentabilidade ambiental e a justiça social, impulsionando o progresso em direção a um futuro mais equitativo e sustentável.

10. Moldagem de normas e valores culturais: - A inovação digital molda normas e valores culturais, influenciando o modo como comunicamos, nos exprimimos e percepcionamos o mundo. Promove a literacia digital, o pensamento crítico e a consciência ética, moldando uma sociedade digital que reflecte as nossas aspirações e valores colectivos.

Ao compreendermos o poder transformador da inovação digital, podemos navegar pelas suas oportunidades e desafios com previsão, criatividade e responsabilidade, garantindo que o seu impacto é aproveitado em benefício de todas as partes interessadas.

Capítulo 2: A paisagem em mudança

- Examinar o estado atual do panorama digital

Na atual paisagem digital em rápida evolução, uma análise multifacetada revela um ecossistema dinâmico moldado pela inovação tecnológica, por factores socioeconómicos e pela dinâmica cultural. Compreender o estado atual da paisagem digital implica explorar várias dimensões, desde a infraestrutura tecnológica às implicações sociais. Eis uma panorâmica geral:

1. Infra-estruturas tecnológicas:

- A conetividade à Internet de alta velocidade, os dispositivos móveis e a computação em nuvem tornaram-se omnipresentes, constituindo a espinha dorsal do panorama digital. Os avanços na tecnologia 5G prometem uma conetividade ainda mais rápida e fiável, permitindo novas aplicações e serviços.

2. Economia digital:

- A economia digital engloba uma vasta gama de actividades, desde o comércio eletrónico e os pagamentos digitais à publicidade em linha e às plataformas de software como serviço (SaaS). Os gigantes da tecnologia, como a Amazon, a Google e o Facebook, dominam o mercado digital, enquanto as empresas em fase de arranque e as empresas disruptivas continuam a inovar e a desafiar os modelos de negócio tradicionais.

3. Ecossistema de dados:

- Os dados alimentam a economia digital, servindo como a força vital dos algoritmos, da inteligência artificial e dos serviços personalizados. As questões relacionadas com a privacidade, segurança e propriedade dos dados continuam a ser proeminentes, suscitando debates e acções regulamentares para salvaguardar os direitos dos consumidores e mitigar os riscos.

4. Redes sociais e comunidades em linha:

- As plataformas de redes sociais desempenham um papel central na modelação das interações, da comunicação e do consumo de conteúdos em linha. Desde o Facebook e o Twitter até ao TikTok e ao Instagram, as redes sociais influenciam o discurso público, as tendências culturais e os comportamentos individuais, ao mesmo tempo que suscitam preocupações relativamente à desinformação e à parcialidade dos algoritmos.

5. Transformação digital nas indústrias:

- As indústrias de todos os sectores estão a passar por uma transformação digital, integrando a tecnologia nas suas operações para melhorar a eficiência, a inovação e a experiência do cliente. Desde os cuidados de saúde e a educação até às finanças e à indústria transformadora, as organizações utilizam ferramentas e estratégias digitais para se manterem competitivas num mundo cada vez mais interligado.

6. Cibersegurança e cenário de ameaças:

- À medida que a dependência digital aumenta, as ameaças à cibersegurança proliferam, apresentando riscos para indivíduos, empresas e governos. Os ciberataques, as violações de dados e os incidentes de ransomware realçam a importância de medidas robustas de cibersegurança e de estratégias proactivas de gestão do risco.

7. Panorama regulamentar e político:

- Os governos de todo o mundo debatem-se com os desafios da regulamentação do panorama digital, equilibrando a inovação com a proteção dos consumidores, os direitos de privacidade e as preocupações com a concorrência. Os esforços legislativos, como o Regulamento Geral sobre a Proteção de Dados (RGPD) na Europa e as investigações antitrust nos Estados Unidos, moldam o ambiente regulamentar das empresas tecnológicas.

8. Inclusão e acesso digitais:

- O fosso digital persiste, com disparidades no acesso à Internet, na literacia digital e na infraestrutura tecnológica que afectam desproporcionadamente as comunidades marginalizadas e as regiões mal servidas. Os esforços para promover a inclusão digital têm como objetivo colmatar estas lacunas e garantir uma participação equitativa na economia digital.

9. Tecnologias e tendências emergentes:

- As tecnologias emergentes, como a inteligência artificial, a cadeia de blocos e a Internet das Coisas (IoT), impulsionam a inovação e remodelam os sectores. As aplicações em áreas como os veículos autónomos, a medicina de precisão e as cidades inteligentes são promissoras para enfrentar os desafios societais e melhorar a qualidade de vida.

10. Considerações culturais e éticas: - As normas culturais, os valores e as considerações éticas moldam o panorama digital, influenciando a forma como a tecnologia é desenvolvida, implantada e regulamentada. Os debates em torno da privacidade, do enviesamento algorítmico, da moderação de conteúdos e dos direitos digitais sublinham a importância dos quadros éticos e das práticas de inovação responsáveis.

Ao examinar o estado atual do panorama digital através destas lentes, as partes interessadas podem obter informações sobre as tendências, os desafios e as oportunidades que moldam o futuro da tecnologia e da sociedade. Navegar neste terreno complexo requer colaboração, inovação e um compromisso para promover um ecossistema digital inclusivo, ético e sustentável.

- **Tendências que estão a moldar o mundo digital: IA, IoT, Big Data, etc.**

O mundo digital está em constante evolução, impulsionado pelas tecnologias emergentes e pela mudança de paradigmas. Várias tendências importantes estão a remodelar a paisagem, a revolucionar as indústrias e a transformar a forma como vivemos, trabalhamos e interagimos. Eis algumas das tendências proeminentes que estão a moldar o mundo digital:

1. Inteligência Artificial (IA):

- A IA está a revolucionar as indústrias ao permitir que as máquinas executem tarefas que normalmente requerem inteligência humana, como o processamento de linguagem natural, o reconhecimento de imagens e a tomada de decisões. As aplicações baseadas em IA vão desde assistentes virtuais e chatbots a veículos autónomos e recomendações personalizadas.

2. Internet das coisas (IoT):

- A IoT liga objectos do quotidiano à Internet, permitindo-lhes recolher, transmitir e trocar dados. Desde casas inteligentes e dispositivos portáteis a sensores industriais e cidades inteligentes, as aplicações IoT permitem a monitorização remota, a automatização e a otimização de processos e serviços.

3. Grandes volumes de dados e análises:

- Big Data refere-se a grandes volumes de dados estruturados e não estruturados que inundam as organizações diariamente. As técnicas analíticas avançadas, como a aprendizagem automática e a modelação preditiva, ajudam a obter informações a partir de Big Data, descobrindo padrões, tendências e correlações que informam a tomada de decisões e impulsionam a inovação.

4. Computação em nuvem:

- A computação em nuvem fornece serviços de computação, incluindo armazenamento, processamento e aplicações de software, através da Internet. As plataformas de computação em nuvem permitem a escalabilidade, a flexibilidade e a eficiência de custos, permitindo às empresas tirar partido das soluções de infraestrutura como serviço (IaaS), plataforma como serviço (PaaS) e software como serviço (SaaS).

5. Computação de ponta:

- A computação de borda aproxima a computação e o armazenamento de dados da fonte de geração de dados, reduzindo a latência e os requisitos de largura de banda.

Ao processar dados localmente na extremidade da rede, a computação periférica suporta análises em tempo real, aplicações de baixa latência e transmissão eficiente de dados em ambientes IoT.

6. Cibersegurança e privacidade:

- Com a proliferação das tecnologias digitais, surge uma maior atenção à cibersegurança e à privacidade. As organizações investem em medidas de cibersegurança, como a encriptação, a autenticação e a deteção de ameaças, para proteger os dados sensíveis e as infra-estruturas contra ciberameaças, violações de dados e violações de privacidade.

7. Realidade Aumentada (RA) e Realidade Virtual (RV):

- As tecnologias AR e VR combinam conteúdos digitais com o mundo físico, criando experiências imersivas e interactivas. A RA melhora os ambientes do mundo real com sobreposições digitais, enquanto a RV mergulha os utilizadores em ambientes virtuais, revolucionando indústrias como a dos jogos, do entretenimento, da educação e da formação.

8. Cadeia de blocos e tecnologia de registo distribuído (DLT):

- A cadeia de blocos e a DLT permitem a manutenção de registos e transacções seguras, transparentes e descentralizadas. Para além das criptomoedas, as aplicações da cadeia de blocos incluem a gestão da cadeia de abastecimento, a identidade digital, os contratos inteligentes e as finanças descentralizadas (DeFi), oferecendo potenciais soluções para os desafios da confiança e da transparência.

9. Conectividade 5G:

- A tecnologia 5G promete uma conetividade sem fios mais rápida, mais fiável e com menor latência, abrindo novas possibilidades para comunicações móveis, implementações de IoT e experiências imersivas. As redes 5G suportam aplicações com uso intensivo de largura de banda, como streaming de vídeo de alta definição, realidade aumentada e cirurgia remota.

10. Tecnologia sustentável e ética: - A sustentabilidade e as considerações éticas são cada vez mais importantes no mundo digital. As organizações dão prioridade à sustentabilidade ambiental, às práticas éticas de IA, à diversidade e inclusão e à utilização responsável dos dados para garantir que a tecnologia beneficia a sociedade, minimizando os impactos negativos no planeta e nas pessoas.

Estas tendências representam apenas um vislumbre da natureza dinâmica e interligada do mundo digital. À medida que continuam a evoluir e a cruzar-se, irão moldar o futuro da tecnologia, das empresas e da sociedade, impulsionando a inovação, a perturbação e as oportunidades a uma escala global.

- **Implicações para as empresas, a educação, os cuidados de saúde e não só**

O rápido avanço das tecnologias digitais tem implicações profundas em vários sectores, remodelando modelos de negócio, transformando paradigmas educativos, revolucionando a prestação de cuidados de saúde e alargando o seu impacto muito para além disso. Eis como estas tendências digitais estão a influenciar diferentes domínios:

1. Empresas:

- **Transformação digital:** As empresas estão a adotar a transformação digital para melhorar a eficiência, a inovação e a experiência do cliente. Desde a adoção da computação em nuvem e da análise baseada em IA até ao aproveitamento da IoT para a otimização de processos, as tecnologias digitais impulsionam a competitividade e a agilidade num mercado em rápida evolução.

- **Comércio eletrónico e retalho omnicanal:** As plataformas de comércio eletrónico e as estratégias de retalho omnicanal permitem às empresas chegar aos clientes em qualquer altura e em qualquer lugar, através de vários pontos de contacto. As recomendações personalizadas, as transacções contínuas e a gestão de inventário em tempo real melhoram o percurso do cliente e impulsionam as vendas.

- **Tomada de decisões com base em dados:** A análise de grandes volumes de dados permite que as empresas obtenham informações acionáveis a partir de vastos conjuntos de dados, informando a tomada de decisões estratégicas, o desenvolvimento de produtos e as campanhas de marketing. A análise preditiva e os algoritmos de aprendizagem automática optimizam as operações, reduzem os riscos e identificam oportunidades de crescimento.

2. Formação académica:

- **Aprendizagem em linha e ensino à distância:** As tecnologias digitais facilitam as plataformas de aprendizagem em linha, as salas de aula virtuais e as soluções de ensino à distância, permitindo o acesso a um ensino de qualidade em qualquer altura e em qualquer lugar. Os conteúdos multimédia interactivos, os sistemas de aprendizagem adaptativos e as ferramentas de colaboração melhoram o envolvimento dos alunos e as experiências de aprendizagem personalizadas.

- **Literacia digital e desenvolvimento de competências:** As competências de literacia digital são essenciais para que os alunos e os educadores possam navegar eficazmente na paisagem digital. As instituições de ensino integram programas de literacia digital, iniciativas de codificação e educação STEM para equipar os alunos com as competências necessárias para a força de trabalho do século XXI.

- **Gamificação e Inovação EdTech:** Os princípios da gamificação e as inovações da tecnologia educativa (EdTech) melhoram os resultados da aprendizagem ao gamificar os conteúdos educativos, promover a interatividade e fomentar a motivação intrínseca. A realidade virtual (RV), a realidade aumentada (RA) e as simulações imersivas enriquecem a aprendizagem experimental e o desenvolvimento de competências práticas.

3. **Cuidados de saúde:**

- **Telemedicina e cuidados à distância:** As plataformas de telemedicina e as soluções de monitorização remota tiram partido das tecnologias de comunicação digital para prestar serviços de saúde à distância, ultrapassando as barreiras geográficas e alargando o acesso aos cuidados médicos. As consultas de telessaúde, os rastreadores de saúde portáteis e os dispositivos médicos compatíveis com a IoT apoiam os cuidados preventivos e a gestão de doenças crónicas.

- **Informática no domínio da saúde e registos de saúde electrónicos (RSE):** Os sistemas informáticos de saúde, incluindo os registos de saúde electrónicos (RSE) e os intercâmbios de informações de saúde (HIE), simplificam a gestão de dados, a interoperabilidade e a partilha de informações sobre os doentes entre os prestadores de cuidados de saúde. A análise de dados e os diagnósticos baseados em IA melhoram o apoio à decisão clínica e os resultados para os doentes.

- **Medicina de precisão e cuidados de saúde personalizados:** A análise de grandes volumes de dados, a genómica e os algoritmos de IA permitem abordagens de medicina de precisão que adaptam os tratamentos e intervenções médicas à composição genética, aos factores de estilo de vida e aos perfis de saúde de cada paciente. As estratégias de cuidados de saúde personalizados optimizam a eficácia do tratamento, minimizam os efeitos adversos e aumentam a satisfação do paciente.

4. **Para além disso:**

- **Cidades inteligentes e infra-estruturas urbanas:** As tecnologias digitais, incluindo os sensores IoT, a análise de dados e os sistemas inteligentes orientados para a IA, transformam as infra-estruturas urbanas em ecossistemas interligados, sustentáveis e eficientes. As iniciativas de cidades inteligentes melhoram os transportes, a gestão da energia, a segurança pública e a sustentabilidade ambiental, melhorando a qualidade de vida dos residentes.

- **Monitorização ambiental e sustentabilidade:** As inovações digitais apoiam a monitorização ambiental, os esforços de conservação e as iniciativas de sustentabilidade, recolhendo e analisando dados sobre a qualidade do ar, os recursos hídricos, a biodiversidade e as alterações climáticas. Sensores IoT, imagens de satélite e análises preditivas informam a elaboração de políticas ambientais e estratégias de conservação.

Em conclusão, as implicações das tendências digitais para as empresas, a educação, os cuidados de saúde e não só são de grande alcance, impulsionando a inovação, a eficiência e a acessibilidade em diversos sectores. A adoção da transformação digital e o aproveitamento das tecnologias emergentes permitem que as organizações e instituições se adaptem à evolução do panorama digital, melhorem os serviços e enfrentem os desafios complexos que a sociedade enfrenta.

Capítulo 3: Adaptação à perturbação digital

- **Estratégias para as empresas enfrentarem a disrupção digital**

Perante a disrupção digital, as empresas têm de se adaptar e inovar para se manterem competitivas num cenário em constante evolução. Eis as principais estratégias para as empresas enfrentarem com êxito a disrupção digital:

1. Abraçar a transformação digital:

- Abraçar a transformação digital como um imperativo estratégico e não como uma mera atualização tecnológica. Alinhe os processos, as operações e a cultura empresariais com os objectivos digitais para impulsionar a inovação, a agilidade e a orientação para o cliente.

2. Fomentar uma cultura de inovação:

- Cultivar uma cultura de inovação que incentive a experimentação, a criatividade e a aprendizagem contínua. Capacitar os funcionários para explorar novas ideias, tecnologias e modelos de negócio, promovendo um ambiente dinâmico que aceite a mudança.

3. Dar prioridade à experiência do cliente:

- Dar prioridade à experiência do cliente (CX), tirando partido das tecnologias digitais para proporcionar experiências personalizadas, contínuas e omnicanal. Utilizar a análise de dados para compreender as necessidades, preferências e comportamentos dos clientes, adaptando produtos e serviços para satisfazer as exigências em constante evolução.

4. Aproveitar a análise de dados e as informações:

- Aproveite o poder da análise de dados e dos insights para obter inteligência acionável a partir de vastos conjuntos de dados. Utilize a análise preditiva, a aprendizagem automática e os algoritmos de IA para descobrir tendências, identificar oportunidades e tomar decisões informadas que impulsionem o crescimento do negócio.

5. Investir em tecnologias emergentes:

- Invista estrategicamente em tecnologias emergentes que têm o potencial de perturbar o seu sector e criar novas oportunidades. Explore a IA, a IoT, a cadeia de blocos, a computação em nuvem e outras soluções inovadoras que podem simplificar as operações, melhorar a eficiência e desbloquear novos fluxos de receitas.

6. Fomentar a colaboração e as parcerias:

- Fomentar a colaboração e as parcerias estratégicas com empresas em fase de arranque, empresas tecnológicas e agentes disruptivos do sector, a fim de tirar partido de forças e capacidades complementares. Adotar modelos de inovação aberta que permitam a co-criação, a partilha de conhecimentos e a colaboração no ecossistema.

7. Desenvolver talentos e competências digitais:

- Desenvolver o talento e as competências digitais na sua organização, investindo em programas de formação, atualização de competências e desenvolvimento de talentos. Crie equipas multifuncionais com conhecimentos diversificados em tecnologia, ciência de dados, design thinking e estratégia empresarial para impulsionar as iniciativas digitais.

8. Adaptar os princípios Agile e Lean:

- Adaptar os princípios ágeis e enxutos para iterar, testar e aperfeiçoar rapidamente as iniciativas digitais. Adotar metodologias ágeis, como Scrum e Kanban, para promover a colaboração, a transparência e o planeamento adaptativo na entrega de valor aos clientes.

9. Foco na cibersegurança e na gestão de riscos:

- Dê prioridade à cibersegurança e à gestão de riscos para proteger a sua empresa contra ciberameaças, violações de dados e problemas de conformidade regulamentar. Implemente medidas robustas de cibersegurança, efectue avaliações de risco regulares e mantenha-se a par da evolução das ameaças e dos requisitos regulamentares.

10. Manter-se centrado no cliente e **flexível:** - Manter-se centrado no cliente e flexível para responder às mudanças na dinâmica do mercado e às necessidades dos clientes. Ouça as reacções dos clientes, acompanhe as tendências da indústria e itere nos produtos e serviços de forma iterativa para se manter à frente da curva e manter a relevância num mundo que dá prioridade ao digital.

Ao adotar estas estratégias, as empresas podem navegar proactivamente na disrupção digital, aproveitar novas oportunidades e prosperar num mercado cada vez mais competitivo e dinâmico. Abraçar a transformação digital como um imperativo estratégico permite às organizações inovar, adaptar-se e evoluir numa era de constantes mudanças e perturbações.

- **Estudos de casos de esforços de transformação digital bem sucedidos**

Certamente, vamos explorar alguns estudos de caso de esforços bem-sucedidos de transformação digital em vários sectores:

1. Amazon:

- A transformação da Amazon de uma livraria online para um gigante global do comércio eletrónico é um excelente exemplo de inovação digital e de orientação para o cliente. Ao tirar partido da análise de dados, da aprendizagem automática e da computação em nuvem, a Amazon personalizou as recomendações, optimizou as operações da cadeia de fornecimento e expandiu-se para diversas categorias de produtos e serviços, como a Amazon Web Services (AWS), o Prime Video e a Alexa.

2. Netflix:

- A Netflix revolucionou a indústria do entretenimento ao passar de um serviço de aluguer de DVD para uma plataforma líder de streaming. Ao tirar partido da análise de grandes volumes de dados, dos algoritmos de recomendação e da produção de conteúdos originais, a Netflix personalizou as recomendações de conteúdos, melhorou a experiência do utilizador e expandiu a sua base global de subscritores, tornando-se um interveniente dominante no mercado do streaming.

3. Tesla:

- A Tesla revolucionou a indústria automóvel ao ser pioneira em veículos eléctricos (VEs) e tecnologias de condução autónoma. Através da inovação contínua e da integração vertical, a Tesla aproveitou as atualizações de software, as capacidades over-the-air (OTA) e as funcionalidades orientadas para a IA para melhorar o desempenho dos veículos, a segurança e a experiência do utilizador, estabelecendo-se como líder em transportes sustentáveis.

4. Starbucks:

- A Starbucks adoptou a transformação digital para melhorar o envolvimento e a fidelização dos clientes através da sua aplicação móvel e do seu ecossistema digital. Ao permitir encomendas, pagamentos e recompensas móveis, a Starbucks personalizou as experiências dos clientes, simplificou as operações e aproveitou os dados dos clientes para impulsionar a inovação dos produtos e a otimização das lojas, resultando num aumento das vendas e da satisfação dos clientes.

5. Airbnb:

- A Airbnb revolucionou o sector da hotelaria ao tirar partido das plataformas digitais para ligar os viajantes a alojamentos e experiências únicas em todo o mundo. Através do seu mercado online, a Airbnb permitiu que os anfitriões rentabilizassem espaços não utilizados, ao mesmo tempo que oferecia aos viajantes recomendações personalizadas, reservas seguras e transacções de pagamento sem problemas, transformando a forma como as pessoas viajam e conhecem os destinos.

6. Walmart:

- A Walmart abraçou a transformação digital para competir eficazmente no espaço do comércio eletrónico e melhorar as suas capacidades de retalho omnicanal. Ao investir na infraestrutura digital, na análise de dados e na otimização da cadeia de fornecimento, a Walmart melhorou a gestão do inventário, o marketing personalizado e a satisfação do cliente, permitindo uma integração perfeita entre as experiências de compra online e offline.

7. Maersk:

- A Maersk, uma empresa de transporte marítimo global, adotou a transformação digital para otimizar suas operações de logística e melhorar a visibilidade da cadeia de suprimentos. Ao implementar a tecnologia blockchain, sensores IoT e análise de dados, a Maersk melhorou o rastreamento de cargas, reduziu a burocracia e simplificou as operações portuárias, resultando em economia de custos, ganhos de eficiência e melhor atendimento ao cliente.

8. McDonald's:

- A McDonald's embarcou numa viagem de transformação digital para modernizar as suas operações e melhorar as experiências dos clientes. Ao implementar quiosques de autosserviço, encomendas móveis e serviços de entrega, a McDonald's melhorou a conveniência, a personalização e a rapidez do serviço, ao mesmo tempo que aproveitou a análise de dados para impulsionar a inovação dos menus e as estratégias de marketing adaptadas às preferências dos clientes.

9. Adidas:

- A Adidas adoptou a transformação digital para inovar o design dos seus produtos, os processos de fabrico e as estratégias de envolvimento dos clientes. Através de iniciativas como a Adidas Speedfactory e a Futurecraft 4D, a Adidas aproveitou a impressão 3D, as ferramentas de design digital e as opções de personalização para criar produtos personalizados, encurtar os ciclos de produção e aumentar a fidelidade à marca entre os consumidores com conhecimentos tecnológicos.

10. Delta Air Lines: - A Delta Air Lines aproveitou a transformação digital para melhorar a experiência dos passageiros e otimizar suas operações. Ao investir em aplicativos móveis, quiosques de autoatendimento e processos digitais de embarque, a Delta simplificou os procedimentos de check-in, melhorou a comunicação em tempo real com os passageiros e personalizou os serviços de viagem, resultando em maior satisfação do cliente e eficiência operacional.

Estes estudos de caso ilustram como as organizações de diferentes sectores adoptaram com êxito a transformação digital para inovar, adaptar-se e prosperar num cenário cada vez mais digital e competitivo. Ao tirar partido da tecnologia, dos dados e das estratégias centradas no cliente, estas empresas redefiniram modelos de negócio, melhoraram as experiências dos clientes e alcançaram um crescimento sustentável na era digital.

- **Superar desafios e aceitar a mudança**

Perante a disrupção digital e o rápido avanço tecnológico, as organizações deparam-se frequentemente com vários desafios à medida que se esforçam por se adaptar e inovar. Ultrapassar estes desafios exige uma abordagem proactiva e a vontade de aceitar a mudança. Eis como as empresas podem enfrentar os desafios comuns e adotar a mudança de forma eficaz:

1. Resistência à mudança:

- **Estratégia:** Promover uma cultura de abertura, transparência e comunicação para combater a resistência à mudança. Envolva os funcionários desde o início no processo de mudança, envolva-os na tomada de decisões e ofereça oportunidades de feedback e participação.

- **Tácticas:** Ofereça formação, orientação e apoio para ajudar os funcionários a desenvolverem as competências e a confiança necessárias para adoptarem novas tecnologias e formas de trabalhar. Reconhecer e recompensar o comportamento adaptativo e celebrar os sucessos para reforçar uma cultura de mudança.

2. Sistemas e processos herdados:

- **Estratégia:** Desenvolver um roteiro claro para a modernização dos sistemas e processos antigos, dando prioridade às áreas com maior impacto e potencial de melhoria. Investir em tecnologias escaláveis e flexíveis que permitam a integração, a automatização e a agilidade.

- **Tácticas:** Migrar progressivamente de sistemas antigos para plataformas modernas, tirando partido da computação em nuvem, APIs e arquitetura de microsserviços. Adotar metodologias de desenvolvimento ágil para melhorar e otimizar os sistemas de forma iterativa, minimizando a interrupção das operações.

3. Talento e défice de competências:

- **Estratégia:** Investir em estratégias de desenvolvimento, recrutamento e retenção de talentos para colmatar a lacuna de competências e criar uma força de trabalho capaz de impulsionar a transformação digital. Criar uma cultura de aprendizagem que incentive a melhoria contínua das competências, a requalificação e a partilha de conhecimentos.

- **Tácticas:** Oferecer programas de formação, cursos de certificação e oportunidades de orientação para desenvolver aptidões e competências digitais na organização. Estabelecer parcerias com instituições de ensino, associações industriais e fornecedores de tecnologia para aceder a conhecimentos e recursos especializados.

4. Preocupações com a segurança e a privacidade dos dados:

- **Estratégia:** Dar prioridade à segurança e privacidade dos dados como princípios fundamentais da transformação digital, integrando-os na conceção e implementação de iniciativas digitais. Estabelecer políticas, procedimentos e controlos claros para proteger as informações sensíveis e atenuar os riscos de cibersegurança.

- **Tácticas:** Implementar encriptação, controlos de acesso e quadros de governação de dados para salvaguardar os dados ao longo do seu ciclo de vida. Realizar auditorias de segurança regulares, avaliações de vulnerabilidades e exercícios de resposta a incidentes para identificar e resolver proactivamente as vulnerabilidades de segurança.

5. Silos organizacionais e falta de colaboração:

- **Estratégia:** Eliminar os silos organizacionais e promover a colaboração interfuncional para facilitar o alinhamento, a sinergia e a inovação. Cultivar uma visão, objectivos e valores partilhados que unam departamentos e equipas em torno de objectivos comuns.

- **Tácticas:** Criar equipas multidisciplinares e grupos de trabalho multifuncionais para enfrentar desafios complexos e fazer avançar as iniciativas digitais. Implementar ferramentas de colaboração, canais de comunicação e metodologias de gestão de projectos para facilitar a partilha de informações e o trabalho em equipa.

6. Incerteza e Volatilidade:

- **Estratégia:** Aceitar a incerteza como um aspeto natural da mudança e da transformação, adoptando uma mentalidade ágil e adaptativa que permita uma rápida experimentação, iteração e correção do rumo. Desenvolver resiliência, flexibilidade e planos de contingência para enfrentar desafios e perturbações imprevistos.

- **Tácticas:** Conduzir o planeamento de cenários, avaliações de risco e testes de stress para antecipar potenciais ameaças e oportunidades. Manter linhas de comunicação abertas com as partes interessadas, clientes e parceiros, mantendo-os informados e empenhados durante os períodos de incerteza.

7. Mudança cultural e alinhamento da liderança:

- **Estratégia:** Impulsionar a mudança cultural de cima para baixo, com apoio e compromisso visíveis da liderança sénior. Alinhar os valores, comportamentos e incentivos organizacionais com as metas e objectivos da transformação digital.

- **Tácticas:** Liderar pelo exemplo, demonstrando vontade de aceitar a mudança, experimentar novas ideias e aprender com o fracasso. Capacitar os agentes de mudança e os campeões dentro da organização para defenderem a transformação cultural e impulsionarem iniciativas de base.

Ao adotar estas estratégias e tácticas, as empresas podem ultrapassar desafios, abraçar a mudança e navegar com sucesso nas complexidades da transformação digital. Adotar uma mentalidade de crescimento, promover a colaboração e dar prioridade à resiliência permite que as organizações prosperem num cenário digital em rápida evolução, impulsionando a inovação, a competitividade e o crescimento sustentável

Capítulo 4: Competências digitais para o sucesso

- **Competências digitais essenciais para a força de trabalho do século XXI**

No mundo atual, cada vez mais centrado no digital, a procura de competências digitais em todos os sectores continua a aumentar. Seja em sectores tradicionais ou em áreas emergentes, os indivíduos equipados com competências digitais essenciais estão melhor posicionados para prosperar na força de trabalho moderna. Eis as principais competências digitais essenciais para o sucesso no século XXI:

1. Literacia digital:

- Domínio de competências básicas de literacia digital, incluindo proficiência em computadores, sistemas operativos e software de produtividade (por exemplo, Microsoft Office, Google Workspace). A familiaridade com navegadores Web, motores de busca e técnicas de pesquisa em linha é também crucial.

2. Literacia da informação:

- Capacidade de avaliar, analisar e sintetizar criticamente informações de fontes digitais. A proficiência na avaliação da credibilidade, fiabilidade e relevância da informação em linha é essencial para tomar decisões informadas e evitar a desinformação.

3. Competências de comunicação:

- Competências de comunicação eficazes em ambientes digitais, incluindo comunicação escrita (por exemplo, correio eletrónico, mensagens), comunicação verbal (por exemplo, reuniões virtuais, videochamadas) e competências de apresentação digital (por exemplo, criação e realização de apresentações interessantes utilizando software de apresentação).

4. Colaboração digital:

- Proficiência na colaboração e no trabalho eficaz em equipas digitais e ambientes virtuais. Competências na utilização de ferramentas e plataformas de colaboração (por exemplo, software de gestão de projectos, aplicações de mensagens de equipa) para coordenar tarefas, partilhar informações e comunicar com membros remotos da equipa.

5. Literacia de dados:

- Compreensão dos conceitos básicos de dados, incluindo tipos de dados, fontes de dados e técnicas de análise de dados. Proficiência na interpretação e visualização de dados utilizando folhas de cálculo, ferramentas de visualização de dados e métodos estatísticos básicos.

6. Pensamento crítico e resolução de problemas:

- Fortes capacidades de pensamento crítico para identificar problemas, analisar situações e desenvolver soluções criativas utilizando ferramentas e recursos digitais. Capacidade de abordar desafios complexos com uma mentalidade sistemática e analítica e de adaptar soluções com base no feedback e na iteração.

7. Codificação e programação:

- Proficiência básica em linguagens de codificação e programação, como Python, JavaScript ou HTML/CSS. A compreensão dos conceitos e da lógica de programação é importante para automatizar tarefas, criar aplicações simples e compreender os processos de desenvolvimento de software.

8. Sensibilização para a cibersegurança:

- Consciência dos riscos e ameaças à cibersegurança e das melhores práticas para proteger os bens digitais e as informações pessoais. Compreensão das ameaças comuns à cibersegurança (por exemplo, phishing, malware) e das práticas básicas de higiene em matéria de cibersegurança (por exemplo, palavras-passe fortes, actualizações de software).

9. Marketing digital e branding:

- Conhecimento dos princípios, estratégias e tácticas de marketing digital para promover produtos, serviços ou marcas pessoais em linha. Familiaridade com o marketing nas redes sociais, a criação de conteúdos, o marketing por correio eletrónico e as técnicas de otimização dos motores de busca (SEO).

10. Adaptabilidade e aprendizagem ao longo da vida: - Capacidade de adaptação a novas tecnologias, ferramentas e tendências num panorama digital em rápida evolução. Vontade de se empenhar na aprendizagem contínua, no estudo autónomo e no desenvolvimento profissional para se manter atualizado em relação aos avanços da indústria e expandir os conjuntos de competências digitais ao longo do tempo.

Ao adquirir e aperfeiçoar estas competências digitais essenciais, os indivíduos podem melhorar a sua empregabilidade, perspectivas de carreira e eficácia geral na força de trabalho do século XXI. Quer estejam a entrar no mercado de trabalho, a fazer a transição de carreiras ou a progredir nas suas funções actuais, uma base sólida em competências digitais permite que os indivíduos prosperem num mundo que dá prioridade ao digital.

- **Ferramentas e recursos para adquirir e aperfeiçoar competências digitais**

Na era digital atual, existe uma grande quantidade de ferramentas e recursos disponíveis para ajudar as pessoas a adquirir e aperfeiçoar competências digitais essenciais. Quer pretenda aprender a programar, melhorar as suas capacidades de análise de dados ou melhorar os seus conhecimentos de marketing digital, existem inúmeras plataformas, cursos e comunidades adaptadas às suas necessidades de aprendizagem. Aqui estão algumas das principais ferramentas e recursos para adquirir e aperfeiçoar competências digitais:

1. Plataformas de aprendizagem em linha:

- **Coursera:** Oferece uma ampla gama de cursos, especializações e programas de graduação em várias áreas de habilidades digitais, incluindo ciência de dados, programação de computadores e marketing digital.
- **edX:** Oferece cursos e programas das melhores universidades e instituições de todo o mundo, abrangendo tópicos como cibersegurança, inteligência artificial e desenvolvimento de software.
- **Udemy:** Apresenta uma vasta biblioteca de cursos a pedido sobre competências digitais, ministrados por especialistas do sector, que abrangem tudo, desde o desenvolvimento web e o design gráfico até à análise empresarial e à gestão de projectos.

2. Codificação e programação:

- **Codecademy:** Plataforma interactiva que oferece exercícios práticos de codificação e projectos para aprender linguagens de programação como Python, JavaScript, HTML/CSS e muito mais.
- **freeCodeCamp:** Currículo online gratuito que abrange o desenvolvimento Web, a visualização de dados e o design reativo, com enfoque em desafios práticos de codificação e projectos do mundo real.
- **LeetCode:** Plataforma para praticar perguntas de entrevistas de codificação, algoritmos e estruturas de dados, ideal para aspirantes a engenheiros de software e programadores que se preparam para entrevistas técnicas.

3. Análise e visualização de dados:

- **DataCamp:** Especializado em cursos de ciência e análise de dados, abrangendo tópicos como manipulação de dados, aprendizagem automática e visualização de dados utilizando Python, R e SQL.
- **Kaggle:** Comunidade e plataforma de ciência de dados que acolhe concursos, conjuntos de dados e tutoriais para aperfeiçoar as competências de análise de dados, técnicas de aprendizagem automática e modelação estatística.
- **Tableau Public:** Software gratuito de visualização de dados para criar gráficos, dashboards e mapas interactivos, ideal para apresentar projectos de análise de dados e informações.

4. Marketing digital e SEO:

- **Google Digital Garage:** Oferece cursos online gratuitos sobre os fundamentos do marketing digital, otimização para motores de busca (SEO), marketing para redes sociais e certificação Google Analytics.
- **Academia HubSpot:** Oferece cursos e certificações abrangentes em inbound marketing, marketing de conteúdos, marketing por correio eletrónico e capacitação de vendas.
- **Academia Moz:** Oferece recursos de formação e guias sobre SEO, pesquisa de palavras-chave, criação de ligações e otimização de pesquisa local, adequados para profissionais de marketing e proprietários de sítios Web que procuram melhorar as classificações de pesquisa.

5. Certificações de cibersegurança e de TI:

- **Cybrary:** Plataforma on-line que oferece cursos de segurança cibernética, laboratórios e treinamento de certificação em áreas como hacking ético, defesa de rede e resposta a incidentes.
- **CompTIA CertMaster:** Cursos oficiais de treinamento e preparação para certificação para as certificações CompTIA, incluindo Security+, Network+ e A+.
- **Cisco Networking Academy:** Fornece cursos de rede, laboratórios e certificações que abrangem as tecnologias Cisco e os fundamentos de rede, adequados para profissionais de TI e estudantes que procuram carreiras em redes e cibersegurança.

6. Comunidades e fóruns em linha:

- **Stack Overflow:** Comunidade de perguntas e respostas para programadores e desenvolvedores que procuram ajuda com problemas de codificação, problemas de depuração e práticas recomendadas de desenvolvimento de software.
- **Reddit:** Subreddits como r/learnprogramming, r/datascience e r/digital_marketing oferecem fóruns de discussão, recursos e apoio a pessoas que estão a aprender várias competências digitais.
- **Grupos do LinkedIn:** Junte-se a grupos e comunidades profissionais no LinkedIn relacionados com as suas áreas de interesse ou especialização para se ligar a colegas da indústria, partilhar conhecimentos e manter-se atualizado sobre tendências e oportunidades.

7. Podcasts e Webinars:

- **CodeNewbie:** Podcast com entrevistas, histórias e conselhos para pessoas que estão a aprender a programar e a seguir carreiras na área da tecnologia.

- **Cético dos dados:** Podcast que explora tópicos de ciência de dados, aprendizagem automática e inteligência artificial através de entrevistas, debates e episódios educativos.
- **DigitalMarketer:** Webinars e podcasts sobre estratégias, tácticas e tendências de marketing digital para profissionais de marketing e proprietários de empresas que procuram aumentar a sua presença e receitas online.

8. Projectos de código aberto e GitHub:

- **GitHub:** Explore projectos de código aberto, colabore com programadores e contribua para projectos de codificação no GitHub, uma plataforma líder para alojar e partilhar repositórios de código.
- **Guias de código aberto:** Aprenda sobre práticas de desenvolvimento de software de código aberto, contribuindo para projectos de código aberto e desenvolvendo as suas competências de codificação através de projectos colaborativos.

9. Tutoriais e canais do YouTube:

- **The Coding Train:** Canal do YouTube com tutoriais de codificação criativa, desafios de codificação e sessões de codificação ao vivo por Daniel Shiffman, com foco na codificação em Processing, p5.js e muito mais.
- **Escola de dados:** Canal do YouTube que oferece tutoriais e orientações sobre análise de dados, aprendizagem automática e técnicas de visualização de dados utilizando Python e pandas.

10. Associações e eventos profissionais: - Association for Computing Machinery (ACM): Junte-se a associações profissionais relevantes para a sua área de interesse, como a ACM para profissionais de informática e de TI, para aceder a recursos, oportunidades de trabalho em rede e eventos do sector. - **Conferências tecnológicas e encontros:** Participe em conferências tecnológicas, workshops e encontros na sua área ou virtualmente para contactar com colegas, aprender com especialistas da indústria e manter-se informado sobre as últimas tendências e desenvolvimentos na sua área.

Ao tirar partido destas ferramentas e recursos, os indivíduos podem embarcar numa viagem de aprendizagem contínua e de desenvolvimento de competências, adquirindo as competências digitais necessárias para prosperar no mundo atual, que é acelerado e impulsionado pela tecnologia. Quer se trate de um principiante ou de um profissional experiente, há sempre algo de novo para aprender e explorar no vasto panorama das competências e tecnologias digitais.

- **A importância da aprendizagem ao longo da vida na era digital**

A importância da aprendizagem ao longo da vida na era digital

Na era digital, a aprendizagem ao longo da vida tornou-se mais do que uma mera aspiração de desenvolvimento pessoal - é um imperativo estratégico para indivíduos, empresas e sociedades. Eis por que razão a aprendizagem ao longo da vida é crucial na era digital:

1. O rápido avanço tecnológico:

- A tecnologia evolui a um ritmo sem precedentes, com o aparecimento constante de novas ferramentas, plataformas e inovações. A aprendizagem ao longo da vida permite aos indivíduos manterem-se a par dos avanços tecnológicos, adaptarem-se a novas ferramentas e tendências e permanecerem competitivos na força de trabalho digital.

2. Desenvolvimento contínuo de competências:

- As competências digitais são muito procuradas em todos os sectores, desde a codificação e a análise de dados até ao marketing digital e à cibersegurança. A aprendizagem ao longo da vida permite que os indivíduos desenvolvam e actualizem continuamente as suas competências, garantindo a sua relevância e empregabilidade num mercado de trabalho dinâmico.

3. Agilidade e resiliência na carreira:

- A natureza do trabalho está a mudar rapidamente, com empregos a serem perturbados e transformados pela automação, IA e globalização. A aprendizagem ao longo da vida promove a agilidade e a resiliência das carreiras, permitindo que os indivíduos se adaptem, melhorem ou requalifiquem em resposta às mudanças nos requisitos de trabalho e nas tendências do setor.

4. Inovação e criatividade:

- Os aprendentes ao longo da vida são mais inovadores e criativos, uma vez que estão expostos a diversas ideias, perspectivas e experiências através da aprendizagem contínua. Ao explorarem novos temas, adquirirem novos conhecimentos e ligarem ideias díspares, os aprendentes ao longo da vida alimentam a inovação e impulsionam o progresso nos seus domínios.

5. Adaptação à mudança:

- A mudança é inevitável na era digital, quer se trate de perturbações tecnológicas, de convulsões económicas ou de transformações sociais. A aprendizagem ao longo da vida cultiva a adaptabilidade, a flexibilidade e uma mentalidade de crescimento, capacitando os indivíduos para navegarem eficazmente na mudança e prosperarem em ambientes dinâmicos.

6. Crescimento e realização pessoal:

- A aprendizagem ao longo da vida enriquece as vidas e melhora o crescimento e a realização pessoal. Promove a curiosidade intelectual, a curiosidade ao longo da vida e um sentido de realização, à medida que os indivíduos expandem os seus conhecimentos, perseguem as suas paixões e exploram novos interesses ao longo da vida.

7. Enfrentar os desafios globais:

- A aprendizagem ao longo da vida desempenha um papel fundamental na resolução de desafios globais, como as alterações climáticas, a desigualdade e as disparidades nos cuidados de saúde. Ao dotar os indivíduos dos conhecimentos e competências necessários para enfrentar questões complexas, a aprendizagem ao longo da vida contribui para a construção de um mundo mais sustentável, equitativo e próspero.

8. Cidadania digital e empoderamento:

- Num mundo cada vez mais digital, a literacia e a cidadania digitais são essenciais para uma participação informada na sociedade. A aprendizagem ao longo da vida capacita os indivíduos para navegarem de forma responsável nas paisagens digitais, avaliarem criticamente a informação e participarem em comunidades digitais como cidadãos activos e responsáveis.

9. Eliminar o fosso digital:

- A aprendizagem ao longo da vida tem o potencial de colmatar o fosso digital, proporcionando um acesso equitativo à educação e a oportunidades de desenvolvimento de competências. Ao democratizar o acesso aos recursos de aprendizagem e ao promover a inclusão digital, a aprendizagem ao longo da vida pode permitir que indivíduos de diversas origens participem plenamente na economia e na sociedade digitais.

10. Preparar os indivíduos e as sociedades para o futuro: - A aprendizagem ao longo da vida é essencial para preparar os indivíduos e as sociedades para o futuro contra a incerteza e a rutura. Ao promover uma cultura de aprendizagem e adaptação contínuas, a aprendizagem ao longo da vida permite que os indivíduos e as comunidades prosperem num mundo em constante mudança e construam um futuro mais resistente e sustentável.

Em resumo, a aprendizagem ao longo da vida não é apenas uma escolha pessoal - é uma necessidade na era digital. Ao adotar a aprendizagem ao longo da vida, os indivíduos podem manter-se relevantes, resilientes e capacitados face às rápidas mudanças tecnológicas e à transformação social, contribuindo simultaneamente para a inovação, o progresso e a mudança positiva no mundo que os rodeia.

Capítulo 5: Prosperar na era digital

- **Aproveitar o poder da tecnologia digital para o crescimento pessoal e profissional**

Aproveitar o poder da tecnologia digital para o crescimento pessoal e profissional

A tecnologia digital oferece uma grande variedade de oportunidades de desenvolvimento pessoal e profissional, permitindo que os indivíduos expandam os seus conhecimentos, competências e redes de contactos de formas anteriormente inimagináveis. Eis como pode aproveitar o poder da tecnologia digital para o seu crescimento pessoal e profissional:

1. Acesso a plataformas de aprendizagem em linha:

- Tire partido de plataformas de aprendizagem em linha como a Coursera, edX e Udemy para aceder a uma vasta gama de cursos, tutoriais e certificações em várias disciplinas. Explore tópicos relevantes para os seus interesses pessoais ou objectivos profissionais e aprenda ao seu próprio ritmo a partir do conforto da sua casa.

2. Desenvolvimento contínuo de competências:

- Identificar áreas de desenvolvimento de competências e aproveitar os recursos digitais para adquirir novas competências ou melhorar as existentes. Quer se trate de aprender uma linguagem de programação, dominar técnicas de análise de dados ou melhorar as suas capacidades de comunicação, a tecnologia digital oferece inúmeros recursos para o desenvolvimento de competências.

3. Criação de redes e colaboração:

- Utilize plataformas digitais como o LinkedIn, o Twitter e fóruns profissionais para estabelecer contactos com colegas, mentores e especialistas do sector. Envolva-se em comunidades em linha, participe em debates e procure oportunidades de estabelecimento de contactos para expandir a sua rede profissional e trocar ideias com pessoas que pensam da mesma forma.

4. Trabalho à distância e teletrabalho:

- Aproveite as oportunidades de trabalho à distância e de teletrabalho possibilitadas pela tecnologia digital. Explore as plataformas de freelance, os quadros de empregos remotos e os acordos de teletrabalho com os empregadores para aceder a uma gama mais vasta de oportunidades de emprego e conseguir uma maior flexibilidade no equilíbrio entre a sua vida profissional e pessoal.

5. Portfólio digital e marca pessoal:

- Criar uma carteira digital ou um sítio Web pessoal para mostrar as suas competências, projectos e realizações a potenciais empregadores ou clientes. Utilizar as redes sociais, blogues e plataformas de criação de conteúdos para estabelecer a sua marca pessoal e demonstrar os seus conhecimentos na sua área.

6. Mentoria e Coaching em linha:

- Procure oportunidades de mentoria e formação online para receber orientação, aconselhamento e apoio de profissionais experientes no seu sector. Participe em programas de mentoria, grupos de mentores virtuais ou comunidades de formação para obter informações, feedback e orientação de especialistas experientes.

7. Ferramentas de colaboração remota:

- Utilizar ferramentas de colaboração remota, como o Slack, o Zoom e o Microsoft Teams, para comunicar, colaborar e coordenar com equipas e colegas remotos. Aproveite as ferramentas de videoconferência, mensagens instantâneas e gestão de projectos para se manter ligado e produtivo em ambientes de trabalho virtuais.

8. Marketing digital e construção de marcas:

- Aprenda estratégias e técnicas de marketing digital para promover a sua marca pessoal ou a sua empresa em linha. Experimente o marketing nas redes sociais, a criação de conteúdos, o marketing por correio eletrónico e a otimização dos motores de busca (SEO) para chegar ao seu público-alvo e aumentar a sua presença em linha.

9. Comunidades em linha e recursos de aprendizagem:

- Participe em comunidades em linha, fóruns e recursos de aprendizagem relevantes para os seus interesses ou sector. Participe em webinars, workshops e eventos online para se manter atualizado sobre as últimas tendências, melhores práticas e desenvolvimentos na sua área.

10. Cultivar uma mentalidade de aprendizagem ao longo da vida e aproveitar as oportunidades de crescimento e desenvolvimento oferecidas pela tecnologia digital. Mantenha-se curioso, adaptável e aberto a novas experiências, e continue a investir no seu desenvolvimento pessoal e profissional ao longo da vida.

Ao aproveitar o poder da tecnologia digital, pode desbloquear novas oportunidades de crescimento pessoal e profissional, expandir os seus horizontes e atingir os seus objectivos na era digital atual. Aproveite as ferramentas, os recursos e as plataformas digitais para melhorar as suas competências, criar a sua rede de contactos e fazer progredir a sua carreira, ao mesmo tempo que promove um compromisso duradouro com a aprendizagem e o auto-aperfeiçoamento.

- **Estratégias para criar resiliência e adaptabilidade num mundo em rápida mutação**

Num mundo em rápida mudança, o desenvolvimento da resiliência e da adaptabilidade é essencial para navegar na incerteza, ultrapassar desafios e prosperar perante a adversidade. Eis algumas estratégias para aumentar a resiliência e a adaptabilidade:

1. Cultivar uma mentalidade de crescimento:

- Adotar uma mentalidade de crescimento, acreditando que os desafios representam oportunidades de aprendizagem e crescimento e não obstáculos intransponíveis. Adotar uma atitude positiva em relação à mudança e encarar os contratempos como oportunidades de desenvolvimento e melhoria.

2. Desenvolver a inteligência emocional:

- Reforce a sua inteligência emocional, tornando-se mais consciente das suas emoções, gerindo o stress de forma eficaz e criando resiliência face às adversidades. Pratique a atenção plena, a autorreflexão e os cuidados pessoais para regular as suas emoções e manter uma perspetiva positiva.

3. Fomentar a flexibilidade e a agilidade:

- Cultivar a flexibilidade e a agilidade, aceitando a mudança, adaptando-se a novas circunstâncias e ajustando os seus planos e estratégias conforme necessário. Desenvolva a capacidade de se orientar rapidamente, experimentar novas ideias e aproveitar as oportunidades que surgem em ambientes dinâmicos.

4. Construir uma rede de apoio sólida:

- Cultivar uma forte rede de apoio de amigos, familiares, mentores e colegas que possam dar orientação, encorajamento e apoio emocional em momentos difíceis. Apoie-se na sua rede de apoio para obter conselhos, perspectivas e assistência quando enfrentar adversidades.

5. Concentrar-se na resolução de problemas e no pensamento orientado para a solução:

- Desenvolver competências de resolução de problemas e uma mentalidade orientada para a solução para enfrentar os desafios de forma eficaz. Divida problemas complexos em tarefas geríveis, identifique potenciais soluções e tome medidas proactivas para resolver os problemas à medida que estes surgem.

6. Praticar a adaptabilidade na vida quotidiana:

- Pratique a adaptabilidade na sua vida quotidiana, expondo-se a novas experiências, aceitando a mudança e saindo da sua zona de conforto. Procure oportunidades de crescimento e aprendizagem e esteja aberto a experimentar novas abordagens e estratégias.

7. Aprender com os fracassos e contratempos:

- Encare o fracasso e os contratempos como experiências de aprendizagem valiosas e não como derrotas pessoais. Extraia lições dos seus erros, identifique áreas a melhorar e utilize os contratempos como oportunidades para aperfeiçoar as suas competências, estratégias e abordagens.

8. Manter um equilíbrio saudável entre a vida profissional e a vida privada:

- Dê prioridade ao autocuidado e mantenha um equilíbrio saudável entre a vida profissional e a vida privada para recarregar, rejuvenescer e criar resiliência. Estabeleça limites entre o trabalho e a vida pessoal, participe em actividades que lhe tragam alegria e satisfação e dê prioridade ao seu bem-estar físico e mental.

9. Desenvolver mecanismos de resposta e técnicas de gestão do stress:

- Identifique os mecanismos de resposta e as técnicas de gestão do stress que funcionam para si, como o exercício, a meditação, a escrita de um diário ou passar tempo na natureza. Praticar o autocuidado regularmente para reduzir o stress, promover o relaxamento e aumentar a resiliência.

10. Manter-se informado e adaptável: - Manter-se informado sobre os acontecimentos actuais, as tendências do sector e os desenvolvimentos emergentes que possam ter impacto na sua vida pessoal ou profissional. Manter-se adaptável e aberto a novas informações, perspectivas e oportunidades de crescimento e mudança.

Ao implementar estas estratégias, pode criar resiliência e adaptabilidade, permitindo-lhe navegar na incerteza, ultrapassar desafios e prosperar num mundo em rápida mudança. Aceite a mudança como uma parte natural da vida e cultive as competências e a mentalidade necessárias para prosperar em ambientes dinâmicos, tanto a nível pessoal como profissional.

- **Equilibrar a utilização da tecnologia com o bem-estar e a realização**

Na atual era digital, manter um equilíbrio saudável entre a utilização da tecnologia e o bem-estar geral é essencial para levar uma vida plena e com significado. Eis algumas estratégias para o ajudar a alcançar este equilíbrio:

1. Estabelecer fronteiras e limites:

- Estabeleça limites claros para a utilização da tecnologia, incluindo horários específicos para o trabalho, lazer e desligamento dos dispositivos digitais. Estabeleça limites para o tempo de ecrã e dê prioridade a actividades que contribuam para o seu bem-estar e realização pessoal.

2. Praticar uma utilização consciente da tecnologia:

- Cultive a atenção e a consciência relativamente aos seus hábitos tecnológicos, prestando atenção à forma como utiliza os dispositivos digitais e ao impacto que têm no seu bem-estar. Faça pausas, pratique a respiração profunda e participe em actividades conscientes para se manter presente e com os pés bem assentes na terra no meio das distracções digitais.

3. Dar prioridade às ligações cara a cara:

- Reserve tempo para interações cara-a-cara significativas com amigos, familiares e entes queridos, uma vez que estas ligações são essenciais para o seu bem-estar emocional e realização. Limite a comunicação virtual e dê prioridade às ligações no mundo real para promover relações mais profundas e um sentimento de pertença.

4. Envolver-se em actividades offline:

- Equilibre as suas actividades digitais com actividades offline que lhe proporcionem alegria, satisfação e relaxamento. Passe tempo ao ar livre, dedique-se a passatempos, participe em actividades criativas e desfrute de tempo de qualidade com os seus entes queridos longe dos ecrãs para alimentar a sua alma e recarregar o seu espírito.

5. Praticar desintoxicações digitais:

- Faça pausas regulares nos dispositivos digitais, desligando-os e desconectando-os da tecnologia durante um determinado período. Utilize este tempo para participar em actividades que promovam o relaxamento, a reflexão e o crescimento pessoal, como a meditação, a escrita de um diário ou passar algum tempo na natureza.

6. Cultivar hábitos saudáveis:

- Dê prioridade ao seu bem-estar físico e mental, adoptando hábitos saudáveis que apoiem o bem-estar geral. Pratique exercício físico regularmente, dê prioridade a um sono adequado, tenha uma dieta equilibrada e pratique técnicas de redução do stress para nutrir o seu corpo e a sua mente.

7. Ser intencional na utilização da tecnologia:

- Utilize a tecnologia de forma intencional e com um objetivo, concentrando-se em actividades que estejam de acordo com os seus valores, objectivos e prioridades. Evite o scroll sem sentido e a utilização excessiva das redes sociais e, em vez disso, utilize as ferramentas digitais para aumentar a produtividade, a criatividade e o crescimento pessoal.

8. Praticar o minimalismo digital:

- Adote os princípios do minimalismo digital, organizando a sua vida digital e simplificando as suas atividades online. Simplifique as suas ferramentas e aplicações digitais, cancele a subscrição de notificações desnecessárias e organize o seu ambiente em linha para reduzir as distracções e a sobrecarga.

9. Promover a auto-consciência e a reflexão:

- Reflicta sobre os seus padrões de utilização da tecnologia e o seu impacto no seu bem-estar e realização. Repare como as diferentes actividades e plataformas o fazem sentir e ajuste os seus hábitos de forma a dar prioridade às actividades que lhe trazem alegria, significado e realização.

10. Procure apoio profissional, se necessário: - Se estiver a lutar para encontrar o equilíbrio com a utilização da tecnologia ou a sentir efeitos negativos no seu bem-estar, não hesite em procurar apoio profissional. Considere consultar um terapeuta, conselheiro ou profissional de saúde mental que possa fornecer orientação, apoio e estratégias para encontrar o equilíbrio na era digital.

Ao implementar estas estratégias, pode cultivar uma relação mais saudável com a tecnologia, dar prioridade ao seu bem-estar e realização e criar uma vida mais equilibrada e significativa no mundo digital atual. Lembre-se que encontrar o equilíbrio é uma viagem contínua e é importante reavaliar regularmente os seus hábitos e prioridades para garantir que estão alinhados com os seus valores e objectivos.

Capítulo 6: Considerações éticas

- **Responder aos desafios éticos na era digital**

Enfrentar os desafios éticos na era digital requer uma abordagem multifacetada que envolva indivíduos, empresas, governos e a sociedade como um todo. Eis algumas estratégias-chave para enfrentar os desafios éticos na era digital:

1. Educação e sensibilização:

- Promover a educação e a sensibilização para as questões éticas relacionadas com a tecnologia digital, incluindo a privacidade dos dados, a cibersegurança, a inteligência artificial e os preconceitos algorítmicos. Dotar as pessoas dos conhecimentos e das competências de pensamento crítico necessários para enfrentar os dilemas éticos no domínio digital.

2. Conceção e desenvolvimento éticos:

- Dar prioridade a considerações éticas na conceção, desenvolvimento e implementação de tecnologias digitais. Incorporar princípios éticos como a transparência, a justiça, a responsabilidade e o respeito pela autonomia do utilizador no processo de conceção para minimizar os danos e maximizar os benefícios.

3. Privacidade e segurança dos dados:

- Reforçar as medidas de privacidade e segurança dos dados para proteger as informações pessoais e os dados sensíveis dos indivíduos contra o acesso não autorizado, a utilização indevida e a exploração. Aplicar leis sólidas de proteção de dados, tecnologias de encriptação e melhores práticas de cibersegurança para salvaguardar os direitos de privacidade e evitar violações de dados.

4. Transparência e responsabilidade:

- Aumentar a transparência e a responsabilidade nos sistemas e plataformas digitais, fornecendo explicações claras sobre a forma como os dados são recolhidos, utilizados e partilhados. Responsabilizar as organizações pelas suas acções e decisões em matéria de privacidade de dados, enviesamento algorítmico e outras questões éticas através de supervisão regulamentar, auditorias independentes e escrutínio público.

5. Ética na IA e na automatização:

- Desenvolver e implementar tecnologias de inteligência artificial (IA) e de automatização de uma forma ética e responsável. Atenuar o risco de preconceitos algorítmicos, discriminação e consequências não intencionais, assegurando a equidade, a transparência e a supervisão humana na conceção e implementação dos sistemas de IA.

6. Inclusão e acessibilidade digitais:

- Promover a inclusão e a acessibilidade digitais para garantir que todas as pessoas, independentemente da sua origem ou capacidade, possam aceder às tecnologias digitais e delas beneficiar. Abordar as disparidades no acesso à Internet, na literacia digital e na adoção de tecnologias para criar oportunidades mais equitativas de participação na economia e na sociedade digitais.

7. Responsabilidade social das empresas (RSE):

- Adotar princípios e práticas de responsabilidade social das empresas (RSE) que dêem prioridade ao comportamento ético, ao impacto social e à sustentabilidade nas operações comerciais. Responsabilizar as empresas por manterem padrões éticos e contribuírem positivamente para a sociedade através dos seus produtos, serviços e práticas.

8. Colaboração entre as várias partes interessadas:

- Promover a colaboração entre governos, empresas, organizações da sociedade civil, universidades e especialistas em tecnologia para enfrentar os desafios éticos na era digital. Envolver-se no diálogo, na construção de consensos e na ação colectiva para desenvolver quadros éticos, orientações e normas que promovam a utilização responsável da tecnologia e a inovação.

9. Quadros regulamentares e reforma política:

- Estabelecer e aplicar quadros regulamentares e reformas políticas que abordem os desafios éticos emergentes na era digital. Desenvolver leis e regulamentos que protejam os direitos dos indivíduos, promovam a transparência e a responsabilização e garantam uma conduta ética no desenvolvimento e implantação de tecnologias digitais.

10. Liderança ética e tomada de decisões: - Cultivar a liderança ética e as práticas de tomada de decisões a todos os níveis da sociedade, incluindo a nível governamental, empresarial, académico e da sociedade civil. Incentivar os líderes a dar prioridade a considerações éticas nos seus processos de tomada de decisão e a dar o exemplo na promoção da integridade, honestidade e comportamento ético.

Ao adotar estas estratégias, as partes interessadas podem trabalhar em conjunto para enfrentar os desafios éticos na era digital, promover a utilização responsável das tecnologias e criar um futuro digital mais ético e inclusivo para todos. É necessário um esforço coletivo e um compromisso permanente para defender os princípios e valores éticos na conceção, desenvolvimento e implantação das tecnologias digitais

- **Privacidade, segurança e ética dos dados**

A abordagem dos desafios éticos na era digital, especialmente no que respeita à privacidade, segurança e ética dos dados, é crucial para garantir uma utilização responsável e ética da tecnologia. Seguem-se algumas considerações e estratégias fundamentais para enfrentar estes desafios:

1. Proteção da privacidade:

- Implementar políticas e práticas de privacidade sólidas para salvaguardar as informações e os dados pessoais dos indivíduos. Dar prioridade à transparência, ao consentimento informado e ao controlo do utilizador sobre as práticas de recolha, utilização e partilha de dados.
- Fornecer avisos de privacidade claros e acessíveis aos utilizadores, descrevendo a forma como os seus dados serão recolhidos, utilizados e protegidos. Respeitar as preferências dos utilizadores relativamente à partilha de dados e aos mecanismos de inclusão/exclusão (opt-in/opt-out) para o processamento de dados.
- Rever e atualizar regularmente as políticas e práticas de privacidade de acordo com os regulamentos em evolução, as normas da indústria e as melhores práticas para manter a conformidade e a responsabilidade.

2. Segurança dos dados:

- Adotar medidas abrangentes de segurança dos dados para proteger contra o acesso não autorizado, as violações de dados e as ciberameaças. Implementar encriptação, controlos de acesso e mecanismos de autenticação seguros para salvaguardar dados sensíveis e activos de informação.
- Efetuar auditorias de segurança regulares, avaliações de vulnerabilidades e testes de penetração para identificar e atenuar as vulnerabilidades e fraquezas de segurança nos sistemas e aplicações.
- Formar os empregados em boas práticas de segurança de dados, incluindo o manuseamento seguro de dados, gestão de palavras-passe e sensibilização para tácticas de engenharia social, para evitar violações de dados e incidentes de segurança.

3. Ética dos dados:

- Estabelecer diretrizes e princípios éticos para a recolha, utilização e análise responsáveis dos dados, assegurando que a tomada de decisões com base em dados está em conformidade com os valores éticos e as normas sociais.
- Considerar o potencial impacto da análise de dados e dos algoritmos nos direitos, liberdades e bem-estar dos indivíduos e dar prioridade à equidade, transparência e responsabilidade nos processos de tomada de decisões algorítmicas.

- Proceder à avaliação dos riscos éticos e à análise do impacto para identificar e atenuar os potenciais riscos éticos e preconceitos associados à recolha, análise e utilização de dados.
- Fomentar uma cultura de consciencialização e responsabilidade éticas nas organizações, promovendo o comportamento ético, a integridade e a responsabilidade entre os funcionários e as partes interessadas.

4. Conformidade regulamentar:

- Manter-se a par dos regulamentos de privacidade relevantes, das leis de proteção de dados e das normas da indústria que regem a recolha, utilização e divulgação de dados pessoais, como o Regulamento Geral de Proteção de Dados (RGPD) na União Europeia ou a Lei de Privacidade do Consumidor da Califórnia (CCPA) nos Estados Unidos.
- Assegurar a conformidade com os requisitos regulamentares e as obrigações legais em matéria de privacidade, segurança e transparência dos dados e manter a documentação e os registos para demonstrar os esforços de conformidade.

5. Envolvimento e colaboração das partes interessadas:

- Fomentar o diálogo e a colaboração entre as partes interessadas, incluindo decisores políticos, reguladores, parceiros do sector, organizações da sociedade civil e indivíduos, para enfrentar os desafios éticos e promover práticas de dados responsáveis.
- Incentivar a transparência e a comunicação aberta com os utilizadores e as partes interessadas no que respeita às práticas de dados, às políticas de privacidade e às medidas de segurança, solicitando feedback e contributos para informar a tomada de decisões e os esforços de melhoria contínua.

6. Liderança ética e governação:

- Demonstrar liderança ética e compromisso com valores e princípios éticos a todos os níveis da organização, desde a liderança sénior até aos funcionários da linha da frente. Defender padrões éticos, integridade e responsabilidade na tomada de decisões e na conduta.
- Estabelecer estruturas de governação e mecanismos de supervisão para garantir o cumprimento das orientações e normas éticas, incluindo a nomeação de responsáveis pela ética, responsáveis pela proteção de dados ou comissões de análise ética para supervisionar questões e preocupações éticas.

7. Conceção e desenvolvimento éticos:

- Incorporar considerações éticas na conceção, desenvolvimento e implantação de produtos e serviços tecnológicos, incluindo princípios de privacidade na conceção, práticas de segurança na conceção e quadros de conceção ética.
- Efetuar avaliações de impacto ético e análises de risco ao longo do ciclo de vida do produto para identificar e abordar potenciais implicações éticas e riscos associados às soluções tecnológicas.

Ao abordar estes desafios éticos de forma proactiva e responsável, as organizações podem promover a confiança, a transparência e a responsabilidade na sua utilização da tecnologia, fomentando uma cultura de comportamento ético e de respeito pela privacidade, segurança e direitos dos dados dos indivíduos na era digital.

- **O papel dos indivíduos, das empresas e dos governos na promoção de uma utilização responsável da tecnologia**

A promoção da utilização responsável da tecnologia requer a colaboração e a ação colectiva de indivíduos, empresas e governos. Cada um desempenha um papel vital na promoção de uma cultura de comportamento ético, responsabilidade e respeito pelo impacto social da tecnologia. Eis como cada parte interessada pode contribuir:

1. Indivíduos:

- **Literacia digital:** Os indivíduos devem esforçar-se por melhorar as suas competências em matéria de literacia digital para compreenderem melhor as implicações da tecnologia na sociedade, na privacidade e na segurança.
- **Comportamento ético:** Agir de forma ética e responsável na sua utilização da tecnologia, respeitando os direitos e a privacidade dos outros e aderindo a diretrizes e normas éticas.
- **Advocacia:** Defender políticas e práticas que promovam a transparência, a responsabilidade e o comportamento ético no sector tecnológico.

2. Empresas:

- **Liderança ética:** As empresas devem demonstrar liderança ética e responsabilidade corporativa, dando prioridade a considerações éticas na tomada de decisões e na conduta.
- **Transparência:** Ser transparente sobre as práticas de dados, as políticas de privacidade e o impacto social dos seus produtos e serviços, fornecendo aos utilizadores informações e opções claras.

- **Investimento em segurança e privacidade:** Investir em medidas de segurança robustas, práticas de proteção de dados e tecnologias de reforço da privacidade para salvaguardar os dados dos clientes e mitigar os riscos de cibersegurança.
- **Responsabilidade social das empresas (RSE):** Integrar considerações éticas e responsabilidade social nas operações comerciais, no desenvolvimento de produtos e na cultura empresarial, contribuindo para o bem-estar da sociedade e do ambiente.

3. Governos:

- **Quadros regulamentares:** Estabelecer regulamentos e normas claros e aplicáveis que regulem a utilização responsável da tecnologia, incluindo a privacidade dos dados, a cibersegurança e as diretrizes éticas para as tecnologias emergentes.
- **Proteção dos consumidores:** Proteger os direitos e interesses dos consumidores através da aplicação de leis e regulamentos que salvaguardem a privacidade dos dados, garantam a transparência e responsabilizem as empresas por infracções éticas e má conduta.
- **Promoção da literacia digital:** Investir em programas e iniciativas de literacia digital para educar os indivíduos sobre os seus direitos e responsabilidades na era digital, capacitando-os para tomarem decisões informadas e navegarem em segurança nos ambientes digitais.
- **Cooperação internacional:** Fomentar a colaboração e a cooperação internacionais para enfrentar os desafios globais relacionados com a tecnologia, incluindo os fluxos de dados transfronteiriços, as ameaças à cibersegurança e as considerações éticas nas tecnologias emergentes.

4. Colaboração:

- **Envolvimento de várias partes interessadas:** Fomentar a colaboração e o diálogo entre indivíduos, empresas, governos, organizações da sociedade civil e universidades para enfrentar os desafios éticos e promover a utilização responsável da tecnologia.
- **Parcerias:** Formar parcerias e alianças entre as partes interessadas para desenvolver as melhores práticas, diretrizes e normas para o desenvolvimento, a implantação e a governação éticos da tecnologia.
- **Campanhas de sensibilização do público:** Lançar campanhas e iniciativas de sensibilização do público para aumentar a consciencialização sobre o impacto social da tecnologia, promover a literacia digital e incentivar o comportamento ético entre indivíduos e empresas.

Trabalhando em conjunto, os indivíduos, as empresas e os governos podem promover a utilização responsável da tecnologia, mitigar os riscos e preocupações éticas e aproveitar o poder transformador da tecnologia em benefício da sociedade como um todo. Através da colaboração, transparência e liderança ética, as partes interessadas podem construir um futuro digital mais inclusivo, equitativo e sustentável.

Capítulo 7: Olhar para o futuro

- **Tendências e tecnologias emergentes que moldam o futuro da evolução digital**

O futuro da evolução digital é moldado por uma multiplicidade de tendências e tecnologias emergentes que estão a revolucionar várias indústrias e a transformar a forma como vivemos, trabalhamos e interagimos. Eis algumas das principais tendências e tecnologias emergentes que estão a moldar o futuro da evolução digital:

1. Inteligência Artificial (IA) e Aprendizagem Automática (AM):

- As tecnologias de IA e ML estão a avançar rapidamente, permitindo que as máquinas executem tarefas que tradicionalmente exigiam inteligência humana. Desde a análise preditiva e o processamento de linguagem natural até aos veículos autónomos e à robótica, a IA e o ML estão a impulsionar a inovação em todas as indústrias.

2. Internet das coisas (IoT):

- A IoT está a ligar milhares de milhões de dispositivos, sensores e objectos à Internet, criando vastas redes de sistemas interligados que podem recolher, analisar e partilhar dados em tempo real. Desde casas inteligentes e dispositivos portáteis a aplicações industriais de IoT, a IoT está a revolucionar a forma como interagimos com o mundo físico.

3. Tecnologia 5G:

- A implantação de redes 5G promete oferecer conetividade ultra-rápida e de baixa latência, permitindo novas aplicações e serviços como a realidade aumentada (RA), a realidade virtual (RV) e veículos autónomos conectados. A tecnologia 5G tem o potencial de transformar as indústrias e desbloquear novos níveis de inovação e produtividade.

4. Computação de ponta:

- A computação periférica aproxima o poder computacional e o armazenamento de dados da fonte de geração de dados, reduzindo a latência e permitindo o processamento e a análise em tempo real. Ao descentralizar os recursos de computação, a computação periférica suporta aplicações como veículos autónomos, cidades inteligentes e automação industrial.

5. Cadeia de blocos e tecnologia de registo distribuído (DLT):

- A Blockchain e a DLT fornecem plataformas descentralizadas, transparentes e resistentes à adulteração para transacções seguras e gestão de activos digitais. Para além das criptomoedas, a tecnologia de cadeia de blocos está a ser aplicada em áreas como a gestão da cadeia de fornecimento, os cuidados de saúde e a verificação de identidade.

6. Computação quântica:

- A computação quântica promete velocidades de processamento exponencialmente mais rápidas e a capacidade de resolver problemas complexos que são atualmente intratáveis para os computadores clássicos. Embora ainda na fase inicial de desenvolvimento, a computação quântica tem o potencial de revolucionar domínios como a criptografia, a descoberta de medicamentos e a ciência dos materiais.

7. Tecnologias de cibersegurança e privacidade:

- Com a crescente complexidade e sofisticação das ciberameaças, as tecnologias de cibersegurança e privacidade estão a tornar-se cada vez mais importantes. Desde técnicas avançadas de encriptação e autenticação biométrica até à deteção e resposta a ameaças baseadas em IA, as organizações estão a investir em tecnologias para proteger os dados e mitigar os riscos cibernéticos.

8. Realidade Aumentada (RA) e Realidade Virtual (RV):

- As tecnologias de RA e RV estão a esbater as fronteiras entre os mundos físico e digital, permitindo experiências imersivas e narração de histórias interactivas. Desde os jogos e o entretenimento até à formação e ao ensino, a RA e a RV têm diversas aplicações em todos os sectores e estão a moldar o futuro da interação digital.

9. Tecnologias sustentáveis e ecológicas:

- Com as crescentes preocupações com a sustentabilidade ambiental, há um foco cada vez maior no desenvolvimento de tecnologias e soluções ecológicas. Desde as energias renováveis e as redes inteligentes até aos transportes sustentáveis e às iniciativas de economia circular, a tecnologia está a desempenhar um papel fundamental na resposta aos desafios ambientais e na promoção da sustentabilidade.

10. Biotecnologia e bioinformática: - Os avanços na biotecnologia e na bioinformática estão a conduzir a descobertas em áreas como a genómica, a medicina personalizada e a biologia sintética. Desde a edição de genes e a descoberta de biomarcadores até ao desenvolvimento de medicamentos e à agricultura de precisão, a biotecnologia está a revolucionar os cuidados de saúde, a agricultura e muito mais.

Estas tendências e tecnologias emergentes representam a vanguarda da evolução digital, moldando o futuro da inovação, do crescimento económico e da transformação social. Mantendo-se informados e adoptando estes desenvolvimentos, as organizações e os indivíduos podem aproveitar o potencial da tecnologia para enfrentar os desafios globais e criar um futuro melhor para todos.

- **Oportunidades e desafios no horizonte**

Olhando para o futuro, o panorama digital oferece inúmeras oportunidades de crescimento e inovação, mas também apresenta vários desafios que têm de ser enfrentados. Eis um olhar mais atento a ambos:

Oportunidades:

1. **Transformação digital:** As empresas de todos os sectores têm a oportunidade de passar pela transformação digital, tirando partido da tecnologia para simplificar as operações, melhorar as experiências dos clientes e impulsionar a inovação.

2. **Trabalho remoto:** A mudança para o trabalho remoto abriu novas oportunidades de flexibilidade e colaboração, permitindo que as organizações explorem um conjunto global de talentos e adoptem modalidades de trabalho mais flexíveis.

3. **Expansão do comércio eletrónico:** O crescimento do comércio eletrónico apresenta oportunidades para as empresas alcançarem novos mercados, expandirem a sua base de clientes e oferecerem experiências de compra personalizadas através de canais digitais.

4. **Inovação nos cuidados de saúde:** Os avanços nas tecnologias digitais de saúde, na telemedicina e na monitorização remota dos doentes estão a revolucionar a prestação de cuidados de saúde, melhorando o acesso aos cuidados e permitindo que os indivíduos assumam o controlo da sua saúde.

5. **Tecnologia da educação:** O crescimento da tecnologia da educação (EdTech) apresenta oportunidades para transformar as experiências de aprendizagem, proporcionar o acesso a uma educação de qualidade a nível mundial e apoiar iniciativas de aprendizagem ao longo da vida.

6. **Tecnologias sustentáveis:** O desenvolvimento de tecnologias sustentáveis, como as energias renováveis, os veículos eléctricos e as infra-estruturas ecológicas, oferece oportunidades para enfrentar os desafios ambientais e promover a sustentabilidade.

7. **Cidades inteligentes:** O conceito de cidades inteligentes apresenta oportunidades para a inovação urbana, incluindo a melhoria das infra-estruturas, dos sistemas de transporte e da eficiência energética através da integração de tecnologias digitais.

8. **Soluções de cibersegurança:** Com a crescente digitalização das empresas e dos dados, há uma procura crescente de soluções de cibersegurança para proteção contra ciberameaças e salvaguarda de informações sensíveis.

Desafios:

1. **Desigualdade digital:** As disparidades no acesso à tecnologia, à conetividade à Internet e às competências digitais agravam as desigualdades e limitam as oportunidades das comunidades carenciadas, aumentando o fosso digital.

2. **Ameaças à cibersegurança:** A proliferação de ciberameaças, incluindo ransomware, ataques de phishing e violações de dados, coloca desafios significativos às organizações, governos e indivíduos, exigindo medidas robustas de cibersegurança e vigilância.

3. **Preocupações com a privacidade dos dados:** As preocupações crescentes com a privacidade e a vigilância dos dados levantam questões sobre a utilização ética dos dados pessoais, a transparência nas práticas de dados e a necessidade de regulamentos de proteção de dados mais rigorosos.

4. **Deslocação da força de trabalho:** As tecnologias de automatização e IA têm o potencial de perturbar os mercados de trabalho tradicionais, conduzindo à deslocação da mão de obra e à necessidade de iniciativas de requalificação e melhoria de competências para apoiar os trabalhadores na transição para novas funções e indústrias.

5. **Desinformação e desinformação:** A propagação da desinformação em linha mina a confiança, distorce o discurso público e põe em causa a integridade da informação e os processos democráticos.

6. **Desafios regulamentares e éticos:** O ritmo acelerado da inovação tecnológica ultrapassa os quadros regulamentares, levantando dilemas éticos relacionados com a ética dos dados, o enviesamento algorítmico e o desenvolvimento e implantação responsáveis de tecnologias emergentes.

7. **Dependência digital e saúde mental:** O tempo excessivo no ecrã, a utilização das redes sociais e a dependência de dispositivos digitais contribuem para a dependência digital e para os problemas de saúde mental, salientando a necessidade de uma maior sensibilização e apoio a hábitos digitais saudáveis.

8. **Impacto ambiental:** O crescimento da infraestrutura digital e do consumo de tecnologia contribui para os desafios ambientais, incluindo o consumo de energia, os resíduos electrónicos e as emissões de carbono, exigindo práticas sustentáveis e tecnologias ecológicas.

Enfrentar estes desafios e, ao mesmo tempo, aproveitar as oportunidades apresentadas pela evolução digital exige esforços de colaboração por parte de governos, empresas, organizações da sociedade civil e indivíduos. Ao promover a inovação, a inclusão e a utilização responsável da tecnologia, podemos criar um futuro digital mais equitativo, sustentável e resiliente.

- **Estratégias para se manter à frente da curva e continuar a prosperar na era digital**

Manter-se à frente da curva e prosperar na era digital requer uma abordagem proactiva à inovação, adaptabilidade e aprendizagem contínua. Aqui estão algumas estratégias para o ajudar a manter-se na vanguarda:

1. **Abraçar a aprendizagem ao longo da vida:** Cultive uma mentalidade de aprendizagem contínua e desenvolvimento de competências para se adaptar às tecnologias em evolução e às tendências do sector. Mantenha-se curioso, explore novos tópicos e procure oportunidades de aprendizagem através de cursos em linha, workshops e eventos do sector.

2. **Mantenha-se informado sobre as tecnologias emergentes:** Mantenha-se a par das tecnologias e tendências emergentes que estão a moldar a sua indústria e o panorama digital mais vasto. Siga as publicações do sector, participe em conferências e interaja com líderes de opinião para se manter informado e antecipar desenvolvimentos futuros.

3. **Fomentar a inovação e a criatividade:** Incentive uma cultura de inovação e criatividade na sua organização, promovendo a colaboração, a experimentação e a geração de ideias. Dê aos funcionários a capacidade de pensar de forma criativa, desafiar o status quo e explorar novas formas de resolver problemas e criar valor.

4. **Investir em infra-estruturas tecnológicas:** Investir numa infraestrutura tecnológica robusta e em capacidades digitais para apoiar a inovação, a agilidade e a escalabilidade. Tirar partido da computação em nuvem, da análise de dados e das ferramentas digitais para simplificar os processos, melhorar a eficiência e impulsionar o crescimento.

5. **Adotar práticas ágeis e flexíveis:** Adotar metodologias ágeis e práticas de trabalho flexíveis para se adaptar rapidamente às condições de mercado em mudança e às necessidades dos clientes. Promover uma cultura de agilidade, colaboração e melhoria iterativa para responder eficazmente aos desafios e oportunidades.

6. **Foco na experiência do cliente:** Dar prioridade à experiência e à satisfação do cliente, tirando partido das tecnologias digitais para proporcionar interações personalizadas, contínuas e convenientes em todos os pontos de contacto. Utilize a análise de dados e o feedback dos clientes para compreender as suas necessidades e preferências e adaptar as experiências em conformidade.

7. **Abraçar a transformação digital:** Abraçar a transformação digital como um imperativo estratégico, reimaginando modelos de negócios, processos e ofertas para aproveitar todo o potencial das tecnologias digitais. Adote a automação, a IA e os canais digitais para impulsionar a inovação, a eficiência e a competitividade.

8. **Criar parcerias estratégicas:** Colaborar com parceiros estratégicos, empresas em fase de arranque e fornecedores de tecnologia para aceder a novos mercados, capacidades e oportunidades de inovação. Formar alianças, joint ventures ou

laboratórios de inovação para co-criar soluções e impulsionar o crescimento e o sucesso mútuos.

9. **Antecipe-se aos requisitos regulamentares e de conformidade:** Mantenha-se à frente dos requisitos regulamentares e de conformidade relevantes para a sua indústria e região geográfica. Monitorize proactivamente as alterações regulamentares, avalie o seu impacto no seu negócio e implemente medidas para garantir a conformidade e reduzir o risco.

10. **Cultivar uma força de trabalho diversificada e inclusiva:** Fomente a diversidade, a equidade e a inclusão na sua organização, reconhecendo o valor das diversas perspectivas, origens e experiências na promoção da inovação e na resolução de problemas. Crie uma cultura inclusiva onde todos os funcionários se sintam valorizados, respeitados e capacitados para contribuir com o seu melhor trabalho.

11. **Mantenha-se ágil e resiliente:** Desenvolver a resiliência e a agilidade para navegar na incerteza e na perturbação do panorama digital. Crie planos de contingência, análise de cenários e estratégias de gestão de riscos para se adaptar a desafios imprevistos e capitalizar as oportunidades emergentes.

Ao adotar estas estratégias e adotar uma abordagem proactiva à inovação, adaptação e colaboração, pode manter-se à frente da curva e continuar a prosperar na era digital dinâmica e de ritmo acelerado. Reavalie continuamente as suas estratégias, tire partido das tecnologias emergentes e dê prioridade ao valor do cliente para manter uma vantagem competitiva e impulsionar o crescimento sustentável na era digital.

Conclusão

Digital Evolution: Adapting and Thriving in the 21st Century" oferece uma exploração abrangente do impacto transformador da tecnologia na sociedade, na economia e nos indivíduos na era digital. Ao longo deste livro, analisámos o ritmo acelerado do avanço tecnológico, as raízes da revolução digital, os principais marcos e avanços e o estado atual do panorama digital.

Examinámos as profundas implicações da evolução digital nas empresas, na educação, nos cuidados de saúde e não só, destacando tanto as oportunidades como os desafios apresentados pelas tecnologias e tendências emergentes. Desde a IA e a IoT à cibersegurança e à ética dos dados, explorámos as dimensões multifacetadas da era digital e as estratégias para navegar na disrupção digital e promover a inovação.

Além disso, este livro sublinhou a importância da aprendizagem ao longo da vida, do desenvolvimento de competências digitais e da utilização responsável da tecnologia para se manter à frente da curva e prosperar na era digital. Ao adotar uma mentalidade de crescimento, promover a inovação e cultivar uma cultura de adaptabilidade e resiliência, os indivíduos, as empresas e os governos podem aproveitar o poder transformador da tecnologia para criar um futuro mais inclusivo, equitativo e sustentável.

À medida que continuamos a evoluir no século XXI e mais além, a viagem da evolução digital irá certamente trazer oportunidades sem precedentes e desafios complexos. No entanto, ao abraçar a mudança, promover a colaboração e dar prioridade às considerações éticas, podemos navegar na paisagem digital com confiança, criatividade e objetivo, garantindo que nos adaptamos e prosperamos na era digital em constante mudança.

"Digital Evolution: Adapting and Thriving in the 21st Century" serve de roteiro para que os indivíduos, as empresas e as sociedades aproveitem as oportunidades da era digital e, ao mesmo tempo, naveguem nas suas complexidades com visão, agilidade e resiliência. Ao adotar os princípios e estratégias descritos neste livro, podemos embarcar numa viagem de crescimento contínuo, inovação e prosperidade na era digital dinâmica e transformadora.

Referências

Wind J, Mahajan V. Digital marketing. Symphonya. Emerging Issues in Management, 2002,1: 43-54.

Desai V. Marketing digital: Uma revisão. Revista Internacional de Tendência em Pesquisa e Desenvolvimento Científico, 2019, 5(5): 196-200.

Bala M, Verma D. Uma revisão crítica do marketing digital. Revista Internacional de Gestão, TI e Engenharia, 2018, 8(10): 321-339.

Olson E M, Olson K M, Czaplewski A J, et al. A estratégia empresarial e a gestão do marketing digital. Horizontes empresariais, 2021, 64(2): 285-293.

Kapoor K K, Dwivedi Y K, Piercy N C. Pay-per-click advertising: A literature review. The Marketing Review, 2016, 16(2): 183-202.

Zilincan J. Otimização para motores de busca. Anais da Conferência Internacional da CBU. 2015, 3: 506-510.

Vinerean S. Estratégia de marketing de conteúdos. 2017.

Saravanakumar M, SuganthaLakshmi T. Social media marketing. Revista de ciências da vida, 2012, 9(4): 4444-4451.

Todor R D. Marketing automation. Boletim da Universidade Transilvânia de Brasov. Ciências Económicas. Série V, 2016, 9(2): 87.

Kamal Y. Estudo de tendência em marketing digital e evolução das estratégias de marketing digital. International Journal of Engineering Science, 2016, 6(5): 5300-5302.

Edey M. A crise financeira mundial e os seus efeitos. Documentos Económicos: Uma revista de economia aplicada e política, 2009, 28(3): 186-195.

Van der Marel E. Shifting into Digital Services: Does a Crisis Matter and for Who. Centro Europeu de Economia Política Internacional, 2020.

Lamberton C, Stephen A T. A thematic exploration of digital, social media, and mobile marketing: Evolução da investigação de 2000 a 2015 e uma agenda para investigação futura. Journal of marketing, 2016, 80(6): 146-172.

Giordani P E, Rullani F. A revolução digital e a Covid-19. Departamento de Gestão, Università Ca'Foscari Venezia Documento de Trabalho, 2020 (6).

Printed by Books on Demand GmbH, Norderstedt / Germany